Fakultät IV Elektrotechnik und Informatik
der Technischen Universität Berlin

Hochfrequenztechnik-Photonik Institut für Hochfrequenz-
und Halbleiter-Systemtechnologien

MASTERARBEIT

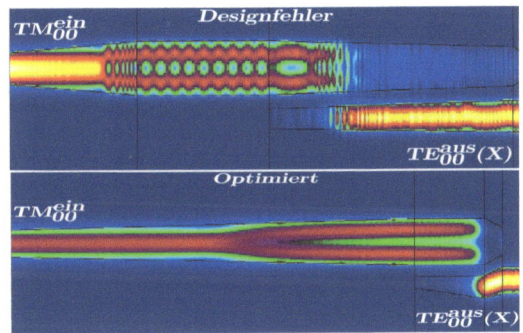

Design und Charakterisierung eines Polarisationsteilers in photonischer BiCMOS Technologie

vorgelegt von

Ziyad Gökalp

24. Januar 2019

Masterarbeitsnummer: M60
Hochschullehrer: Prof. Dr. Klaus Petermann
Betreuer: Dr.-Ing. Karsten Voigt

Eidesstattliche Erklärung[1]

Hiermit versichere ich, dass ich die vorliegende Arbeit selbstständig verfasst und keine anderen als die angegebenen Quellen und Hilfsmittel benutzt habe. Alle Ausführungen, die anderen veröffentlichten oder nicht veröffentlichten Schriften wörtlich oder sinngemäß entnommen wurden, habe ich kenntlich gemacht.

Berlin, 24. Januar 2019   *Ziyad Gökalp*
Ort, Datum   Unterschrift

---

[1] Der Text zur eidesstattlichen Erklärung ist aus der Quelle [1] entnommen

Danksagung

Dank möchte ich an dieser Stelle all denjenigen widmen, die mich während der Anfertigung meiner Masterarbeit motiviert, unterstützt und die intensive Zeit an meiner Seite überstanden haben.

Zuerst richte ich meinen Dank an Herr Prof. Klaus Petermann, der meine Masterarbeit am Institut für Hoch-frequenz- und Halbleiter-Systemtechnologien ermöglicht und begutachtet hat.

Für die hilfreichen Anregungen, die gute Betreuung und die konstruktive Kritik bei der Erstellung dieser Arbeit möchte ich mich herzlich bei Herr Dr.-Ing. Karsten Voigt bedanken.

Genauso möchte ich ein Dankeschön an Herrn Lindner richten, den mir einen Computerzugang für die nummerische Simulationen[2] eingerichtet hat und die Auswertung der Messergebnisse[3] ermöglicht hat. Weiterhin hat er mir mit der Schlüsselvergabe den Zugang zu unterschiedlichen Räumen im Institut erleichtert.

Ebenfalls möchte ich mich bei Herrn Gregor Ronniger bedanken, der seinen Feierabend paar Minuten verschoben hat, als ich im Labor Überstunden gemacht habe um mein Ziel an von mir festgelegten Messdaten zu erreichen.

Alle Menschen die an der Entwicklung von kostenfreie Software wie LaTeX[4][5], JabRef[6] und Inskape[7] arbeiten, mit den dieses Dokument erstellt und seine Bilder bearbeitet wurden, möchte ich Danke sagen.

Bei Stephanie Hessing möchte ich mich für den starken emotionalen Rückhalt und die Unterstützung während des Master-Studiums bedanken. Sie hat diese Masterarbeit auf Rechtschreibung korrigiert hat.

Abschließend Freunden und Bekannte wie Shaima Khlaief, Cindy Shirin Spieker, und Mohammed AL Haj Hassan danke ich besonders für die aufmunternde Gespräche während der Erstellungsdauer dieser Arbeit.

Ziyad Gökalp

Berlin, 24. Januar 2019

Inhaltsverzeichnis

Abbildungsverzeichnis   III

Tabellenverzeichnis   V

Abkürzungsverzeichnis   VII

1 Einleitung   2
    1.1 BiCMOS als bevorzugte Technologie 3

2 Theorie   4

3 Polarisationsteiler aus Silizium-Wellenleiter   5
    3.1 Adiabatisch 8

4 Gitterkoppler   10
    4.1 Optimierung des Gitterkopplers 12

5 Messung   14
    5.1 Referenzwellenleiter 17
       5.1.1 TE_{00}^{ein}-TE_{00}^{aus}-Mode-Referenzwellenleiter 17
       5.1.2 TM_{00}^{ein}-TM_{00}^{aus}-Mode-Referenzwellenleiter 19
       5.1.3 Wellenleiter 22
       5.1.4 TE_{00}^{ein}-TM_{00}^{aus}-Mode-Referenzwellenleiter 23
       5.1.5 TM_{00}^{ein}-TE_{00}^{aus}-Mode-nummerischer Referenzwellenleiter 24
       5.1.6 Zusammenfassung: Messung an Referenzwellenleitern 26
    5.2 Messergebnisse am (Wire-Taper-Moden-Konverter)-Polarisationsteiler mit und ohne Gitterfunktion 28
       5.2.1 TE_{00}^{ein}-TE_{00}^{aus}-Mode am (Wire-Taper-Moden-Konverter)-Polarisationsteiler mit und ohne die Gitterfunktion 28
       5.2.2 TM_{00}^{ein}-TE_{00}^{aus}-Mode am (Wire-Taper-Moden-Konverter)-Polarisationsteiler mit Gitterfunktion & (Gap=250 nm) 32
       5.2.3 $\text{TM}_{00}^{aus}(\|)$-$\text{TE}_{00}^{aus}(X)$-Mode am (Wire-Taper-Moden-Konverter)-Polarisationsteiler mit Gitterfunktion & (Gap=250 nm) 35
       5.2.4 TM_{00}^{ein}-TE_{00}^{aus}-Mode am (Wire-Taper-Moden-Konverter)-Polarisationsteiler mit der Gitterfunktion & (Gap=200 nm) 38
       5.2.5 $\text{TM}_{00}^{aus}(\|)$-$\text{TE}_{00}^{aus}(X)$-Mode am (Wire-Taper-Moden-Konverter)-Polarisationsteiler mit Gitterfunktion & (Gap=200 nm) 41
    5.3 Messergebnisse am Polarisationsteiler (mit Rippen-Taper-Moden-Konverter) mit der Gitterfunktion 43
       5.3.1 TE_{00}^{ein}-TE_{00}^{aus}-Mode-Messergebnisse am (Rippen-Taper-Moden-Konverter)-Polarisationsteiler mit der Gitterfunktion 43
       5.3.2 TM_{00}^{ein}-TE_{00}^{aus}-Mode-Messergebnisse am (Rippen-Taper-Moden-Konverter)-Polarisationsteiler mit der Gitterfunktion 46
       5.3.3 $\text{TM}_{00}^{aus}(\|)$-$\text{TE}_{00}^{aus}(X)$-Mode-Messergebnisse am (Rippen-Taper-Moden-Konverter)- Polarisationsteiler mit der Gitterfunktion 49
       5.3.4 Zusammenfassung: Messung an Polarisationsteilern 51

6 Simulation und Optimierung   59
    6.1 TE_{00}^{ein}-TE_{00}^{aus}-Mode-Simulationsergebnisse 59

6.2		Herstellungstoleranzen am Wire-Taper-Moden-Konverter	61
	6.2.1	(Wire-Taper-Moden-Konverter)-Eigenmode	68
	6.2.2	EPIC-Herstellungstoleranzen	72
6.3		Symmetrie und Asymmetrie am Rippen-Taper-Moden-Konverter	74
6.4		Herstellungstoleranzen am Rippen-Taper-Moden-Konverter	76
	6.4.1	EPIC-Herstellungstoleranzen am Rippen-Taper-Moden-Konverter	78

7 Koppler   80
7.1 Koppler: Das ursprüngliche Design 80
7.2 Koppler: Das optimierte Design 82

8 Polarisationsteiler: Die Performanz des optimierten Designs   84

9 Zusammenfassung   86

Quellen und Hilfsmittel   88

Abbildungsverzeichnis

2.1 Eigenmode 1-5 im adiabatischen Taper mit der Anfangs- 500 nm und Endbreite 1000 nm. Intensität-Plots[8] aller Moden am Anfang und am Ende des Tapers. Der TM_{00}-TE_{10}-Mode-Hybridpunkt bei einer Taper-Breite von $\approx 637\ nm$. . . . 4

3.1 Der Designaufbau vom WWG bzw. RWG basierend auf der BiCMOS- Technologie . . 6

3.2 Polarisationsteiler: (oben) aus WWG & (unten) aus RWG. Die genaueren Angaben zu den Parametern(W_1-W_6 usw.)sind in Tabelle 3.2 aufgelistet. . . . 6

3.3 Ein adiabatischer Taper[9]. . . . 8

3.4 TE_{00}^{ein}-TE_{00}^{aus}-Transmission in % am Taper in Abbildung 3.3 9

4.1 rechts vom PS dient der PGT dazu, die Breite W_3 adiabatisch mit einer L_{pg} von 20 μm, an die 500 nm GK-Anfangsbreite anzupassen. . . . 10

4.2 Ein Faserkern mit dem Winkel ϕ zur Gitterkoppler- Oberfläche 11

4.3 (a) gleichförmige (b) ungleichförmige Gittergruben und Si/SiO_2 als Spiegelschicht . 12

5.1 Jeder der einzeln 8 verbauten Polarisationsteiler ist 3-mal vorhanden: (a)TE_{00}-GK auf jeder Seite für die TE_{00}^{ein}-TE_{00}^{aus}- (b) TM_{00}-GK auf jeder Seite für die TM_{00}^{ein}-TM_{00}^{aus}- (c) TE_{00}-GK und TM_{00}-GK für die TE_{00}^{ein}-TE_{00}^{aus}-Messung. . . . 14

5.2 Der Messtisch und dazu gehörigen Messgeräte: (a) zur Messung von P_{out}^{Fa} (b) zur Messung aller optischen Strukturen auf den 5 Chips . . . 15

5.3 Referenzwellenleiter-Messergebnisse vo C_1-C_5: (a) ΔP_1^{TE} bzw. (b) ΔP_2^{TE} zeigen die Messungsabweichung am (a) TE_{00}^{ein}-TE_{00}^{aus}-RWL_1, bzw. (b) TE_{00}^{ein}-TE_{00}^{aus}-RWL_2 jeweils zwischen C_1-C_5 gemäß Tabelle 5.1 18

5.4 Referenzwellenleiter-Messergebnisse vom C_1-C_5: (a) ΔP_1^{TM} bzw. (b) ΔP_2^{TM} zeigen die Messungsabweichung am (a) TM_{00}^{ein}-TM_{00}^{aus}-RWL_1, bzw. (b) TM_{00}^{ein}-TM_{00}^{aus}-RWL_2 jeweils zwischen C_1-C_5 gemäß Tablle 5.2 . . . 20

5.5 C_1-C_5: Wellenleiter-Verluste (WLV) und Gitterkoppler-Verluste (GKV) ermittelt durch die lineare Regression (lRg) alle Messdaten aus: (a) Tabelle 5.1 für die Referenzwellenleiter RWL_1 & RWL_2 (TE_{00}^{ein}-TE_{00}^{aus} -Mode) und (b) aus Tabelle 5.2 für die Referenzwellenleiter RWL_3 & RWL_4(TM_{00}^{ein}-TM_{00}^{aus}-Mode) 22

5.6 C_1-C_5:Referenzwellenleiter RWL_5 mit einem TE_{00}-GK auf einer Seite, einem TM_{00}-GK auf der andren Seite und einer RWL_5-Länge: $L_1^R = 1,70\,mm$, W_1= 500 nm & HSi = 220 nm 23

5.7 C_1-C_5:nummerische Ergebnisse aus TE_{00}^{ein}-TE_{00}^{aus}-und TM_{00}^{ein}-TE_{00}^{aus}- Mode-Messergebnisse am RWL_1: $L_1^R = 1,70\,mm$, W_1= 500 nm & HSi = 220 nm 25

5.8 C_3-C_5, »PS8«: L_{wc} = 800 μm, Gap = 200 nm L_{ac} = 800 μm: (a) mit und ohne (b) mit Gitterfunktion . . . 29

5.9 C_3-C_5: Polarisationsteiler »PS6«: L_{wc} = 800 μm, Gap = 200 nm L_{ac} = 200 μm: (a) mit und ohne Gitterfunktion (b) mit Gitterfunktion 31

5.10 C_2&C_5: TM_{00}^{ein}-TE_{00}^{aus}(||)-TE_{00}^{aus}(X)-Mode-Messergebnisse mit Gitterfunktion am: Polarisationsteiler (a)»PS3« und (b) »PS5« . . . 33

5.11 C_2&C_5: TM_{00}^{ein}-TM_{00}^{aus}(||)-und TM_{00}^{ein}-TE_{00}^{aus}(X)-Mode-Messergebnisse mit Gitterfunktion am: (a) »PS3« und (b) »PS5« 35

5.12 C_2&C_5: TM_{00}^{ein}-TE_{00}^{aus}(||)-TE_{00}^{aus}(X)-Mode-Messergebnisse mit Gitterfunktion am: Polarisationsteiler (a) »PS4« und (b) »PS8«. . . . 39

5.13 C_2: TM_{00}^{ein}-TM_{00}^{aus}(||)-und TM_{00}^{ein}-TE_{00}^{aus}(X)-Mode-Messergebnisse mit Gitterfunktion am: (a) Polarisationsteiler »PS4« und (b) »PS8« . . . 42

5.14 C_3-C_5: TE_{00}^{ein}-TE_{00}^{aus}(||)-und TE_{00}^{ein}-TE_{00}^{aus}(X)-Mode-Messergebnisse mit Gitterfunktion am: Polarisationsteiler (a) »PS1« und (b) »PS2« . . . 44

5.15	C_2&C_5: TM_{00}^{ein}-TE_{00}^{aus}($\|\|$)-und TM_{00}^{ein}-TE_{00}^{aus}(X)-Mode-Messergebnisse mit Gitterfunktion am: Polarisationsteiler (a) »PS1« und (b) »PS2«	47
5.16	C_2&C_5: TM_{00}^{ein}-TM_{00}^{aus}($\|\|$)-und TM_{00}^{ein}-TE_{00}^{aus}(X)-Mode-Messergebnisse mit Gitterfunktion am Polarisationsteiler: (a) »PS1« und (b) »PS2«	49
6.1	TE_{00}^{ein}-TE_{00}^{aus}(X)-, TM_{00}^{ein}-TM_{00}^{aus}($\|\|$) &-TM_{00}^{ein}-TE_{00}^{aus}(X)-Mode- Simulationsergebnisse ohne den geraden Wellenleiter	61
6.2	Alle Parameterabweichungen von: (f) H_{Si}=200-240 & (g) H_{Si}=160-180 nm . .	65
6.3	Eigenmode 1-5	68
6.4	L_{mc}^{eff} und daraus resultierender effektiver Taper für H_{Si}=160-240 nm	69
6.5	$(L_3),(L_5) \pm 2\ nm$ & $(L_4),(L_6) \pm 20\ nm$: (p) H_{Si}=160-180& (r) H_{Si}=200-240 nm	72
6.6	Symmetrie und Asymmetrie am Rippen-Taper-Moden-Konverter bei H_{Si}=220 nm	75
6.7	H_{Si}, H_{Sl} und H_{Ta} am RTMK	76
6.8	Die (Wire-Taper-Moden-Konverter)-Performanz bei den ungünstigsten Herstellungstoleranzen-Kombinationen bei $H_{Si} = 220\ nm \pm 20\ nm$	77
7.1	die Aufgabe des Kopplers	80
7.2	Designfehler vom ursprünglichen Koppler	80
7.3	optimiertes Koppler-Design	82
7.4	Der Intensität-Plot	83
8.1	Die Performanz des optimierten Polarisationsteiler-Designs bei der Silizium-Dicke: $H_{Si} = 180\ nm$ (der obere Plot) und $H_{Si} = 220\ nm$ (der untere Plot) .	84
9.1	Der obere Intensität-Plot zeigt die Performanz vom Polarisationsteiler 4. Der untere Intensität-Plot zeigt die Performanz der im Rahmen dieser Arbeit optimierten Polarisationsteiler	86

Tabellenverzeichnis

3.1 verwendete Parametern im WWG bzw. RWG dargestellt in Abbildung 3.1 . . 6
3.2 Parameter-Angaben ohne Herstellungstoleranzen zu den in Abbildung 3.2 dargestellten PS: im oberen Teil, sind es Angaben zu den beiden PS mit einem RTMK und im unteren Teil, sind es Angaben zu allen PS mit einem WTMK. 7
4.1 die Gitterperiode Λ, die Wellenlänge λ, die Gitter-Grubenbreite W_g, -Stegbreite W_r, der effektive Brechungsindex n_{eff}, die Ätztiefe h_e, die Silizium-Dicke H_{Si} und die Grube- Steg-Länge, L_{gs} für jeweils TE_{00}-Mode-Gitterkoppler (TE_{00}-GK) und TE_{00}-GK. ϕ ist der Faserwinkel zu der Oberflächennormale . 11
5.1 Gemessene $P_{norm}^{C_1-C_5}(\lambda = 1550\ nm)$ und daraus resultierende ΔP_1^{TE} bzw. ΔP_2^{TE} am (a)RWL_1 bzw.(b) RWL_2 unter den 5 gemessenen Chips, C_1-C_5 bei TE_{00}^{ein}-TE_{00}^{aus}-Mode. 19
5.2 Gemessene $P_{norm}^{C_1-C_5}(\lambda = 1585\ nm)$ und daraus resultierende ΔP_1^{TM} bzw. ΔP_2^{TM} am (a)RWL_3 bzw.(b) RWL_4 unten den 5 gemessenen Chips, C_1-C_5 bei TM_{00}^{ein}-TM_{00}^{aus}-Mode 21
5.3 C_3-C_5: (a)TE_{00}^{ein}-TE_{00}^{aus}(||)-& (b) TE_{00}^{aus}(X)-Mode-Messergebnisse am Polarisationsteiler »PS8« zu den in Abbildung 5.8 dargestellten Messkurven. 29
5.4 C_3-C_5: (a)TE_{00}^{ein}-TE_{00}^{aus}(||)-& (b) TE_{00}^{aus}(X)-Mode-Messergebnisse am Polarisationsteiler »PS6« zu in Abbildung 5.9 dargestellten Messkurven. 32
5.5 C_2&C_5: TM_{00}^{ein}-TE_{00}^{aus}(||)-TE_{00}^{aus}(X)-Mode-Messergebnisse bei $\lambda \approx 1550$-$1585\ nm$ am (a)»PS8« zur Abbildung 5.10(a). (b)»PS5« zur Abbildung 5.10(b). . 33
5.6 C_2: TM_{00}^{ein}-TM_{00}^{aus}(||)-und TM_{00}^{ein}-TE_{00}^{aus}(X)-Mode-Messergebnisse mit Gitterfunktion am Polarisationsteiler: (a) »PS3« und (b) »PS5« zu in Abbildung 5.11 dargestellten Plots 36
5.7 C_2&C_5: TM_{00}^{ein}-TE_{00}^{aus}(||)-TE_{00}^{aus}(X)-Mode-Messergebnisse bei $\lambda \approx 1550$-$1585\ nm$ am Polarisationsteiler (a)»PS4« zur Abbildung 5.12(a). (b)»PS8« zur Abbildung 5.12(b). 39
5.8 C_2: TM_{00}^{ein}-TM_{00}^{aus}(||)-und TM_{00}^{ein}-TE_{00}^{aus}(X)-Mode-Messergebnisse mit Gitterfunktion am: (a) Polarisationsteiler »PS4« und (b) »PS8« zu in Abbildung 5.13 dargestellten Plots 42
5.9 C_3-C_5: P_{norm}^{min}, P_{norm}^{max} & FSR: TE_{00}^{ein}-TE_{00}^{aus}(||)- bei $\lambda \approx 1550\ nm$ & TE_{00}^{aus}(X)-Mode- Messergebnisse bei $\lambda \approx 1550$-$1585\ nm$ zu Abbildung 5.14. 45
5.10 C_2&C_5: P_{norm}^{min}, P_{norm}^{max} & FSR: TE_{00}^{ein}-TE_{00}^{aus}(||)-& TE_{00}^{ein}-TE_{00}^{aus}(X)-Mode- Messergebnisse bei $\lambda \approx 1550$-$1585\ nm$ zu Abbildung 5.15. 47
5.11 C_2: TM_{00}^{ein}-TM_{00}^{aus}(||)-und TM_{00}^{ein}-TE_{00}^{aus}(X)-Mode-Messergebnisse mit Gitterfunktion am Polarisationsteiler: (a) »PS1« und (b) »PS2« zu in Abbildung 5.16 dargestellten Plots 49
6.1 Simulationsergebnisse zum Einfluss der Herstellungsfehler-Kombinationen von: H_{Si}, W_1, $W_2 \pm 20\ nm$ und $L_{mc} \pm 20\ \mu m$ auf der Moden-Konversion: $TM_{00}^{ein} \rightarrow TE_{10}^{aus}$-Mode 64
6.2 Simulationsergebnisse zu der effektiven und der dazu gehörigen Taper-Mindestlänge bei jeder Silizium-Dicke für eine fast vollständige $TM_{00}^{ein} \rightarrow TE_{10}^{aus}$-Moden-Konversion 71
6.3 Simulationsergebnisse zu den Einfluss der Herstellungsfehler-Kombinationen von EPIC-Schichten: $(L_3, L_5) \pm 2\ nm$ und $(L_4, L_6) \pm 20\ nm$ auf der Moden-Konversion: $TM_{00}^{ein} \rightarrow TE_{10}^{aus}$-Mode. 74
6.4 Simulationsergebnisse zum Einfluss der Herstellungstoleranzen-Kombinationen von H_{Si}, H_{Sl} und $H_{Ta} \pm 20\ nm$ auf die Moden-Konversion: $TM_{00}^{ein} \rightarrow TE_{10}^{aus}$-Mode. 77

6.5 Simulationsergebnisse zum Einfluss der Herstellungsfehler-Kombinationen von EPIC-Schichten: $(L_3,L_5) \pm 2\ nm$ und $(L_4,L_6) \pm 20\ nm$ auf der Moden-Konversion: $TM_{00}^{ein} \rightarrow TE_{10}^{aus}$-Mode. 79

Abkürzungsverzeichnis

BiCMOS	bipolarer komplementärer Metalloxidhalbleiter (engl. *bipolar complementary metal oxide semiconductor*)
CMOS	komplementärer Metalloxidhalbleiter (engl. *complementary metal oxide semiconductor*)
LAN-HF	lokales Netzwerk-Hochfrequenz(engl. *Local Area Network-High frequency*)
HF	Hochfrequenz (engl. *High frequency*)
Si	Silizium
SP	Silizium- Photonik (engl. *Silicon photonics*)
WWG	(Wire- Waveguide)
RWG	(Rippen-Waveguide)
$\mathbf{H_{Si}}$	Silizium- Dicke, H_{Si}
$\mathbf{H_{Sl}}$	Slab- Dicke, H_{Sl}
$\mathbf{H_{Ta}}$	Taper- Dicke, H_{Ta}
BOX	vergrabenes Oxid(engl. *buried oxide*)
BM	Beschichtungsmaterial
TE	transversal-elektrisch
SM	Single-Mode
SMF	Single-Mode-Faser
$\mathbf{L_{aus}}$	Längenausgleich, L_{aus}
WG	(engl. *wave guide*) Wellenleiter
$\mathbf{RWL_1}$	»Referenzwellenleiter1«
$\mathbf{RWL_2}$	»Referenzwellenleiter2«
$\mathbf{RWL_3}$	»Referenzwellenleiter3«
$\mathbf{RWL_4}$	»Referenzwellenleiter4«
$\mathbf{RWL_5}$	»Referenzwellenleiter5«
$\mathbf{L_1^R}$	die Länge vom RWL_1 bzw. RWL_3
$\mathbf{L_2^R}$	die Länge vom RWL_1 bzw. RWL_3
$\mathbf{TE_{00}^{ein}}$	transversale-elektrische Grundmode auf der Eingangsseite
$\mathbf{TE_{00}^{aus}}$	transversale-elektrische Grundmode auf der Ausgangsseite

TE$_{10}^{aus}$	transversale-elektrische Mode erster Ordnung auf der Ausgangsseite
TM$_{00}^{ein}$	transversale-magnetische Grundmode auf der Eingangsseite
TM$_{00}^{aus}$	transversale-magnetische Grundmode auf der Ausgangsseite
WTMK	(Wire-Taper-Moden-Konverter)
W$_1$	die Breite der linken Seite vom (Wire-Taper-Moden-Konverter) bzw. vom (Rippen-Taper-Moden-Konverter)
W$_2$	die Breite der rechten Seite vom (Wire-Taper-Moden-Konverter) bzw. vom (Rippen-Taper-Moden-Konverter)
RTMK	(Rippen-Taper-Moden-Konverter)
W$_6$	die Breite der mittleren Seite vom RTMK
L$_{mc}$	(Wire-Taper-Moden-Konverter)-Länge, L$_{mc}$
L$_{mc}^{eff}$	die effektive (TM$_{00}^{ein}$-TE$_{10}^{aus}$)-Übergangslänge
L$_{mc}^{min}$	die mindestenslänge für eine fas vollständige (TM$_{00}^{ein}$-TE$_{10}^{aus}$)-Monden-Konversion
L$_{rc}$	(Rippen-Taper-Moden-Konverter)-Länge, L$_{rc}$
WLV	Wellenleiter-Verluste
GK	Gitterkoppler
TE$_{00}$-GK	TE$_{00}$-Mode-Gitterkoppler
TM$_{00}$-GK	TM$_{00}$-Mode-Gitterkoppler
GKV	Gitterkoppler-Verluste
PGT	Polarisationsteiler-Gitterkoppler-Taper
P$_{norm}$	normierte Leistung
C$_1$	Chip 1
C$_5$	Chip 5
L$_{wr}$	Lrc Länge zwischen der Taper Breite W$_1$ und dem Rippen-Anfang bzw. zwischen dem Rippen-Ende und der Taper-Breite W$_2$
L$_{wc}$	(Wire-Taper-Moden-Konverter)-Länge
ADK	adiabatischer direktionaler Koppler
L$_{ac}$	Länge von adiabatischen direktionalen Koppler
PS	Polarisationsteiler
EPIC	Elektronische photonische integrierte Schaltungen(engl. *Electronic photonic integrated circuits*)

lRg	lineare Regression
GF	Gitterfunktion
$\mathbf{P}_{norm}^{mit}$	normierte Leistung mit Gitterfunktion
$\mathbf{P}_{norm}^{ohne}$	normierte Leistung ohne Gitterfunktion
$\Delta\mathbf{P}_{ohne}^{mit}$	normierte Leistung ohne Gitterfunktion
FSR	freie Spektralbereich

λ	*lambda*, Wellenlänge
n	Brechungsindex
θ	*theta*, der lokale Halbwinkel des Taper beim Punkt z
θ_m	die Projektion des Strahlenwinkel
ϕ	*phi*, Die Phasenverschiebung der Faser bezüglich der Oberflächennormale
α	*alpha*, Leckfaktor oder Kopplungsstärke des Gitterkopplers Mehrzahl

1 Einleitung

Die in diesem Kapitel, von Seite 2-7, getätigten Erläuterungen sind aus den Quellen [10],[11], [12] und [13] entnommen.

Polarisationsmultiplex ist ein effizientes Verfahren in optischen Kommunikationssystemen. Das Verfahren ermöglicht die Verdopplung der Datenraten ohne zusätzlichen Bandbedarf. Basis für den Einsatz eines solchen Polarisationsmultiplexes ist die sende- und empfangsseitige Trennung orthogonaler Polarisationsmoden. Integrierte optische Polarisationsteiler sind hierfür von besonderem Interesse, da externe Schnittstellen zu diesen Polarisationsteiler entfallen können.
Außerdem wird erwartet dass sich derartige Polarisationsteiler kompakt und mit sehr guter Performance realisieren lassen.

Die vorliegende Masterarbeit setzt sich die Optimierung eines integrierten Polarisationsteilers in die photonische bipolarer komplementärer Metalloxidhalbleiter (engl. *bipolar complementary metal oxide semiconductor*) (BiCMOS) Technologie zum Ziel. Zunächst sollen erste realisierte Polarisationsteiler experimentell beschrieben werden. Auf Basis der experimentellen Daten soll dann eine weitere Designoptimierung des kommerziellen numerischen Tools der Firma PhotonDesign[2] zum Einsatz kommen.
Von Besonderem Interesse ist der Einfluss von Prozessschwankungen auf die Arbeitsweise des Polarisationsleiters.

Hierfür wird aus der Auswertung der Mess- und Simulationsergebnisse einen optimierten Polarisationsteiler darzustellen, der Prozessschwankungen bezüglich der Silizium-Dicke, der Taper-Breiten von ± 20 nm und der Moden-Konverter-Länge von ± 20 μm kompensiert. Des weiteren soll der optimierte Polarisationsteiler gegen Schwankungen im Elektronische photonische integrierte Schaltungen(engl. *Electronic photonic integrated circuits*) (EPIC)-Prozesses von bis von ± 20 nm ebenfalls robuste Performanz gewährleisten.
Des weiteren setzt sich dieser Masterabeit zum Ziel, dass die Prozessschwankungen-Kompensation und die robuste Performanz in Sektion-Längen von unter 500 μm pro Sektion des optimierten Polarisationsteilers gewährleistet werden soll, die gesamte Polarisationsteiler-Länge kompakt gehalten wird und unter 600 μm bleibt.

1.1 BiCMOS als bevorzugte Technologie

Der rasante Anstieg der Breitbanddaten und die damit verbundenen sich ständig entwickelnden Telekommunikationsstandards verlangen nach leistungsfähigen Geräten mit immer größerer Schaltungskomplexität. Neue Dienste mit hoher Datenrate treiben die Verwendung höheren Betriebsfrequenzen in optischen und drahtlosen Systemen voran, erfordern jedoch eine höhere Chipintegration, einen geringeren Stromverbrauch und optimierte Kosten.

Neue Mikrowellenanwendungen in den Bereichen: Automotive Radars, Satellitenkommunikation oder lokales Netzwerk-Hochfrequenz(engl. *Local Area Network-High frequency*) (LAN-HF)-Transceiver, stellen extrem hohe Anforderung an den Hochfrequenz (engl. *High frequency*) (HF)-Leistungs- und Betriebsbedingungen. Die BiCMOS bietet die passende Antwort auf diese Anforderungen.

Die BiCMOS Technologie zeichnet sich durch das Vereinen zweier unterschiedlicher Prozesstechnologien in einem einzigen Chip aus. Einerseits bieten Bipolartransistoren hohe Geschwindigkeit und Verstärkung, die für analoge Hochfrequenzabschnitte von entscheidender Bedeutung sind, anderseits eignet sich die komplementärer Metalloxidhalbleiter (engl. *complementary metal oxide semiconductor*) (CMOS)-Technologie für den Aufbau einfacher Logikgatter mit niedriger Leistung. Durch die Integration der analogen und digitalen Komponenten mit höherer Grenzfrequenz auf einem einzigen Chip, reduziert die BiCMOS-Technologie die Anzahl externer Komponenten drastisch und optimiert gleichzeitig den Stromverbrauch. Das bietet sowohl einen erheblichen Integrationsvorteil als auch ein günstiges Kostenprofil.

2 Theorie

Die Silizium-Wellenleiter haben geometrieabhängige Modenfelder. Beispielsweise kann über die Verringerung der Breite eines Silizium-Wellenleiters einer Einmodigkeit erreicht werden. Des weiteren kann über die Verbreiterung eine Mehrmodigkeit auf der lateralen Ebene erzeugt werden, die sich für bestimmte photonische Anwendungen ausnutzen lässt. Ein Nebeneffekt der Mehrmodigkeit ist, dass ein Leistungstransfer innerhalb der möglichen Moden stattfinden kann. Generell lassen sich die Eigenschaften und das Vorhandensein der Moden mit einem Spektrum der effektiven Modenindizes ableiten.

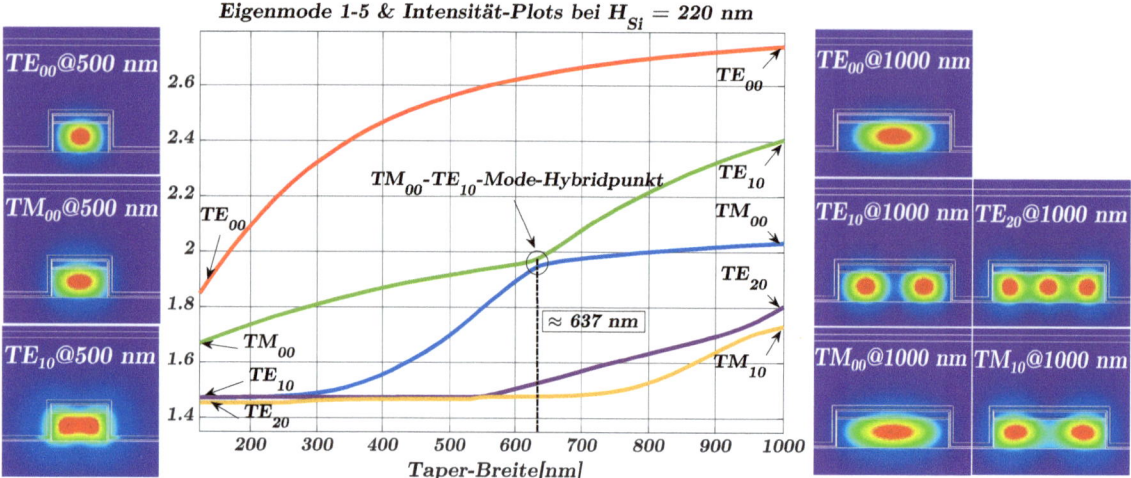

Abbildung 2.1: Eigenmode 1-5 im adiabatischen Taper mit der Anfangs- 500 nm und Endbreite 1000 nm. Intensität-Plots[8] aller Moden am Anfang und am Ende des Tapers. Der TM_{00}-TE_{10}-Mode-Hybridpunkt bei einer Taper-Breite von $\approx 637\ nm$.

Im Falle des Polarisationsfilters zielen wir auch auf einen mehrmodigen Wellenleiter ab. In einem sogenannten Hybridpunkt kommt es zum Leistungstransfer zwischen fundamentaler TM_{00}- und TE_{10}-Mode, d.h. der Polarisationszustand der eingehenden Welle geht unter Änderung der Modenform in einen anderen Polarisationszustand über. Dies kann zum Aufbau eines Polarisationsteilers ausgenutzt werden.

Im Verlauf der Arbeit wird die obrige Modenumwandlung und diese anhand adiabatischer Wire-Taper- und sogenannten Rippen-Moden-Konvertern untersucht. Die eigentliche Trennung der erzeugten Moden wird durch einen adiabatischen Koppler erreicht. Die dafür zugrundeliegende Struktur ist ein klassischer Direktionalkoppler[8].

Abbildung 2.1 zeigt, dass der TM_{00}- und TE_{10}-Mode-Hybridpunkt bei einer Taper-Breite von $\approx 637\ nm$ liegt, wenn die Silizium-Dicke ca. 220 nm ist. Des weiteren ist zu sehen, dass der effektive Index der TM_{10}- und TE_{20}-Mode ab einer Taper-Breite von 600 nm steigt. In dieser Masterabeit wird die Taper-Dimensionierung auf Taper-Sektion-Breiten zwischen 500 und 800 nm gesetzt. Die Polarisationsteiler-Optimierung wird auch in dem Taper-Breiten-Bereich bleiben, um eine möglichst vollständige TM_{00}- und TE_{10}-Moden-Konversion zu gewährleisten und die Anregung der TM_{10}- und TE_{20}-Mode am oberen Arm des adiabatischen Kopplers gering zu halten(die adiabatische Form des Tapers wird im Kapitel 3.1 ausgeführt).

3 Polarisationsteiler aus Silizium-Wellenleiter

In dieser Arbeit wird zwischen (Wire- Waveguide) (WWG) und (Rippen-Waveguide) (RWG) unterscheiden, siehe Abbildung 3.1. In diesem Unterkapitel werden der Aufbau und die Design-Voraussetzungen am WWG und RWG durchgeführt, die bei ihrem Entwurf, erfüllt werden müssen, so dass die Polarisationseigenschaften von solchen Übertragungsmedien beim Polarisationsteiler genutzt werden können. Die Untersuchung der Polarisationsteiler-Performanz wird in dieser Arbeit anhand 6 Polarisationsteiler-Strukturen und 5 Referenzwellenleiter aus dem WWG, siehe Abbildung 3.1(a) und 2 Polarisationsteiler-Strukturen aus dem RWG, siehe Abbildung 3.1(b) dargestellt.

Das Einsetzen vom (Wire- Waveguide) bzw. (Rippen-Waveguide) in der Silizium- Photonik (engl. *Silicon photonics*) liegt an seiner ultra-kleinen geometrischen Struktur und Kompatibilität mit der Siliziumelektronik. Dadurch bietet der (Wire- Waveguide) bzw. der (Rippen-Waveguide) eine hochintegrierte und eine kostengünstige Plattform für die elektronisch-photonischen Anwendungen, in denen ultrakompakte photonische Geräte und elektronische Schaltungen zusammengeführt werden können. Bevor auf die Beschreibung Des Polarisationsteilers eingegangen wird, um die Polarisationsabhängigkeit zu trennen, wird als erstes der Aufbau und das Design vom (Wire- Waveguide) bzw. (Rippen-Waveguide) dargestellt. Der WWG bzw. der RWG besteht aus einem Silizium (Si)-kern und einem Mantel, aus Siliziumdioxid(SiO_2)-Beschichtung,(er wird auch vergrabenes Oxid(engl. *buried oxide*) (BOX) genannt), siehe Abbildung 3.1.

Die Kerndimension soll so bestimmt werden, dass die Single-Mode (SM)-Bedingung erfüllt ist. Die Single-Mode-Bedingung ist in der praktischen Umsetzung elektrisch-photonischener Anwendungen von enormer Bedeutung, so lassen sich Singlemode-Faser Signale über große Distanzen mit geringer Dämpfung und kaum vorhandenen Laufzeitverschiebungen bzw. Dispersionen und höheren Brandbreiten übertragen.

Im (Wire- Waveguide) bzw. (Rippen-Waveguide) gilt die Single-Mode-Bedingung als erfüllt, wenn die Kernabmessung kleiner als oder vergleichbar mit der halben Wellenlänge der im Silizium geführten elektromagnetischen Welle ist. Die Kernabmessung von den Single-Mode-(Wire-Waveguide) bzw.-(Rippen-Waveguide) hat ein niedriges Brechungsindexverhältnis bzw. einen niedrigen Brechungsindexkontrast zwischen Mantel und Kern von $\Delta(n_{SiO_2}/n_{Si}) = \frac{n_{SiO_2}}{n_{Si}} \approx$ 0,414(siehe Tabelle 3.1). Deswegen ist der Single-Mode- (Wire- Waveguide) bzw.- (Rippen-Waveguide) viel kleiner als die von herkömmlichen Einmoden-Siliziumdioxid-(engl. *wave guide*) Wellenleiter. Das Brechungsindexverhältnis erlaubt ebenfalls eine innere Totalreflexion mit einem großen Einfallswinkel bis zu 60°. Im Allgemeinen wird die Kernform entlang des Substrats flach gemacht, um die Ätztiefe bei praktischen Herstellungsvorgängen zu verringern. Das Ziel wird mit den passenden Dicken des Beschichtungmsaterials BM und den Brechungsindexen (n) bei der Wellenlänge $\lambda = 1550$ nm, die in Tabelle 3.1 aufgelistet sind, erreicht.

Design und Beschichtung einzelner Schichten			
	Dicke[nm]	BM	$n(\lambda = 1550\ nm)$
L_1	2000	SiO_2	1,460
L_2	220	SiO_2	1,437
		Si	3,470
L_3	10	SiO_2	1,422
L_4	50	Si_3N_4	1,949
L_5	10	SiO_2	1,485
L_6	30	Si_3N_4	1,930
L_7	780	SiO_2	1,437
L_8	50	Si_3N_4	1,949
L_9	$> L_1 \sim 980$	SiO_2	1,460

Tabelle 3.1: verwendete Parametern im WWG bzw. RWG dargestellt in Abbildung 3.1

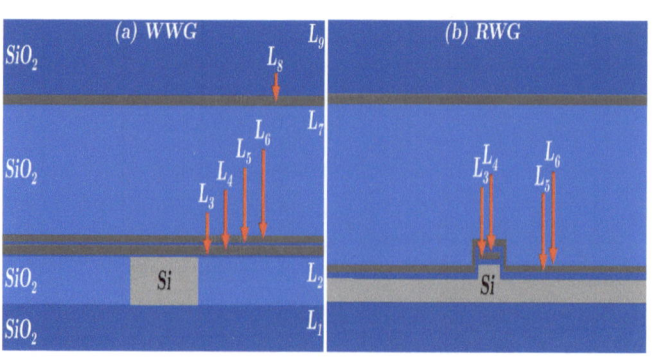

Abbildung 3.1: Der Designaufbau vom WWG bzw. RWG basierend auf der BiCMOS-Technologie

Die folgenden Schichten: L_3, L_4, L_5 und L_6 sind Schichten des BiCMOS (Elektronische photonische integrierte Schaltungen(engl. *Electronic photonic integrated circuits*))-Prozesses. Die Schichten sind beim Design optischer Komponenten zu berücksichtigen, da sie Einfluss auf die Funktionalität der Komponenten haben.

Die Aufgabe des Polarisationsteilers ist es, die transversale-magnetische Grundmode auf der Eingangseite (TM_{00}^{ein})-Mode (bei der das dominante elektrische Feld senkrecht zum Substrat ist) in eine transversale-elektrische Grundmode auf der Ausgangseite (TE_{00}^{aus})-Mode (bei der das dominante elektrische Feld parallel zum Substrat ist) umzuwandeln um die Polarisationsabhängigkeit zwischen Sender und Empfänger zu trennen. Um diese Aufgabe zu erfüllen werden sowohl die 6 Polarisationsteiler aus dem (Wire- Waveguide) als auch die 2 Polarisationsteiler aus dem (Rippen-Waveguide) adiabatisch gebaut.

In der Abbildung 3.2 sind in der oberen Hälften ein anderer adiabatische Polarisationsteiler Polarisationsteiler (PS) aus einem (Wire- Waveguide) und in der unteren Hälfte ein anderer adiabatischen Polarisationsteiler aus einem (Rippen-Waveguide) dargestellt. Die beiden PS bestehen aus zwei Bereichen: der erste rechte Bereich der beiden PS besteht aus einem Moden-Konverter, der die Aufgabe hat, eine angeregte transversale-magnetische Grundmode auf der Ausgangsseite (TM_{00}^{aus}) auf linken Seite der adiabatische Taper mit der Breite W_1, in einer transversale-elektrische Mode erster Ordnung auf der Ausgangsseite (TE_{10}^{aus}) auf der anderen Taper-Seite mit der Breite W_2 umzuwandeln.

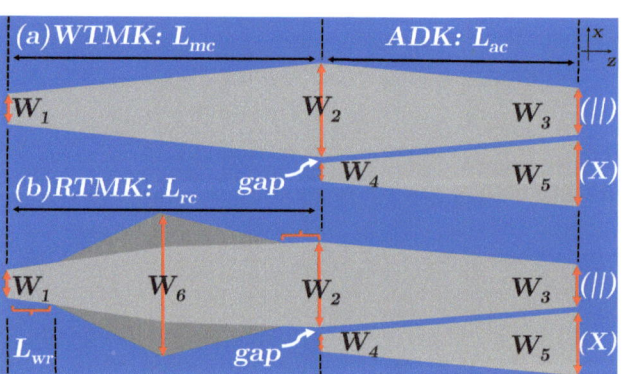

Abbildung 3.2: Polarisationsteiler: (oben) aus WWG & (unten) aus RWG. Die genaueren Angaben zu den Parametern(W_1-W_6 usw.) sind in Tabelle 3.2 aufgelistet.

| Abmessung zu den gemessenen Polarisationsteilern, »PS1«-»PS8« ||||||||||||
| [μm] | | [nm] | [μm] | | [nm] |||||||
PS	L_{wr}	L_{rc}	gap	L_{ac}	L_{aus}	W_1	W_6	W_2	W_3	W_4	W_5	H_{Si}
1	10	50	200	800	760	500	1000	800	600	300	500	220
2	10	200	200	800	610							
PS	L_{wc}		gap	L_{ac}	L_{aus}	W_1		W_2	W_3	W_4	W_5	H_{Si}
3	400		250	800	410	500		800	600	300	500	220
4	400		200	800	410							
5	800		250	800	10							
6	800		200	200	610							
7	800		200	400	410							
8	800		200	800	10							

Tabelle 3.2: Parameter-Angaben ohne Herstellungstoleranzen zu den in Abbildung 3.2 dargestellten PS: im oberen Teil, sind es Angaben zu den beiden PS mit einem RTMK und im unteren Teil, sind es Angaben zu allen PS mit einem WTMK.

Im Polarisationsteiler aus einem (Wire- Waveguide) wird dieser Bereich, der (Wire-Taper-Moden-Konverter) genannt und hat die (Wire-Taper-Moden-Konverter)-Länge, L_{mc}, siehe Abbildung 3.2(a) und im Polarisationsteiler aus einem (Rippen-Waveguide) wird dieser Bereich, der (Rippen-Taper-Moden-Konverter) genannt und hat die (Rippen-Taper-Moden-Konverter)-Länge, L_{rc}. Die Länge zwischen der Taper Breite W_1 und dem Rippen-Anfang bzw. zwischen dem Rippen-Ende und der Taper-Breite W_2 ist gleich und wird mit L_{wr} gekennzeichnet, siehe Abbildung 3.2(b).

Der zweite Bereich der beiden Polarisationsteiler besteht aus einem adiabatischen direktionalen Koppler (ADC) mit der Länge L_{ac}. Im (Wire-Taper-Moden-Konverter) bzw. im (Rippen-Taper-Moden-Konverter) entsteht bei einer angeregten TM_{00}^{ein} eine TM_{00}^{ein}-TE_{10}^{aus}-Moden Konversion. Die konvertieren TE_{10}^{aus}-Moden sollen vom oberen Arm über einen Gap zum unteren Arm des adiabatischen direktionalen Kopplers als $TE_{00}^{aus}(X)$-Mode über gekoppelt werden.

Sowohl der (Wire-Taper-Moden-Konverter) (WTMK) als auch der (Rippen-Taper-Moden-Konverter) (RTMK) sollen bei angeregten TE_{00}^{ein}-Mode, auf der Taper-Breite W_1, eine mit vernachlässigen Verlusten Transmission gewährleistet werden. Der (Wire-Taper-Moden-Konverter) bzw. der (Rippen-Taper-Moden-Konverter) soll ebenfalls die Entsthung Moden höherer Ordnung verhindern und bei einer angeregten TE_{00}^{ein}-Mode, ausschließlich TE_{00}^{aus}-Mode am oberen Arm des adiabatischen direktionalen Kopplers durchlassen. Hierfür spielt die adiabatische Form in den beiden Polarisationsteilers eine entscheidende Rolle. Im dieser Arbeit wird das Symbol (||), siehe Abbildung 3.2, für die Mess- bzw. Simulationsergebnissen, die am oberen Arm ausgewertet und das Symbol (X) für die, die am unteren Arm des ADK ausgewertet werden, verwendet. Im Laufe der Arbeit wird eine $TE_{00}^{aus}(||)$ bzw. $TM_{00}^{aus}(||)$ um eine ausgewertete TE_{00}^{aus} bzw. TM_{00}^{aus} am oberen Arm und $TE_{00}^{aus}(X)$ bzw. $TM_{00}^{aus}(X)$ um eine ausgewertete TE_{00}^{aus} bzw. TM_{00}^{aus} am unteren Arm des adiabatischen direktionalen Kopplers anzudeuten.

3.1 Adiabatisch

In diesem Unterkapitel wird auf die adiabatische Form eines allgemeinen Tapers eingegangen. Mit dem Taper ist hierbei, der (Wire-Taper-Moden-Konverter) (WTMK) bzw. der im adiabatischen direktionalen Koppler (ADC) aus einem (Wire- Waveguide) (WWG) und der (Rippen-Taper-Moden-Konverter) (RTMK) aus einem (Rippen-Waveguide) (RWG) gemeint, siehe Abbildung 3.1 und Abbildung 3.2.

Ein Taper wird mit zwei unterschiedlichen Breite auf jede Seite entworfen. In dieser Arbeite soll der Taper seine Form zwischen den beiden Breiten so verändern, dass entlang seiner gesamten Länge, die folgenden Voraussetzungen erfüllt werden[9]:

- Der Taper muss eine angeregte Eingangsmode mit vernachlässigen Verlusten auf der andere Taper-Breite durchlassen(Gitterkoppler)

- Der Taper muss lang genug sein um eine effiziente polarisationsabhängige Moden Konversion, einer transversalen-magnetischen Grundmode auf der Eingangseite (TM_{00}^{ein}) in eine transversale-elektrische Mode erster Ordnung auf der Ausgangseite (TE_{10}^{aus}), zu gewährleisten (Moden-Konverter: (Wire-Taper-Moden-Konverter) bzw. (Rippen-Taper-Moden-Konverter)).

- Eine effiziente Kopplung zwischen zwei Tapern mit unterschiedlichen Querschnitten über einen gap muss realisierbar sein (adiabatischer direktionaler Koppler (ADK)).

um die oben erwähnte Voraussetzungen zu erfühlen, muss der Taper adiabatisch designet werden, indem die Breite entlang der gesamten Länge des Tapers „sehr langsam" erhöht bzw. verkleinert wird. Ein adiabatisches Taper-Design ist dann gewährleistet, wenn die folgende Ungleichung erfüllt ist[9, 14]:

$$\theta < \frac{\lambda_0}{2W n_{eff}} \qquad (1)$$

Dabei ist θ der lokale Halbwinkel des Tapers beim Punkt z, λ_0 und die Wellenlängen im Vakuum der angeregten Mode, n_{eff} sind der effektive Index der angeregten Mode und W ist die lokale volle Taper-Breite beim Punkt z.

Diese Design Regel erfordert, dass sich die Seitenwände des Tapers langsamer als die Moden-Ausbreitung der Mode mit der untersten Ordnung bzw. mit der ersten Ordnung ausbreiten. Dadurch wird die Mode mit der ersten Ordnung im Taper so eingeschlossen, dass keine Moden-Konversion zu Moden höheren Ordnung stattfindet. Zur Beschreibung der Moden-Ausbreitung wird θ_m als Projektion des Strahlenwinkel der Moden mit der ersten Ordnung definiert. Wenn $\theta > \theta_m$ ist, wird der Strahl die Grenze des Tapers nicht erreichen, die Welle wird sich dabei so verzerren, sodass eine Moden-Konversion der angeregten Mode mit der ersten Ordnung zur Mode

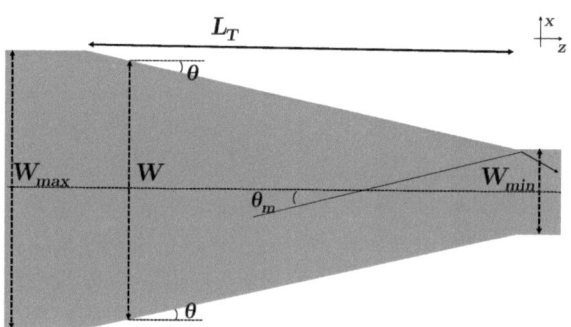

Abbildung 3.3: Ein adiabatischer Taper[9].

mit höheren Ordnung[9, 14].
In dieser Referenz[9] wurde die Ungleichung (1) zu der folgenden Gleichung erweitert:

$$\theta = \xi \frac{\lambda_0}{2W n_{eff}} \quad (2)$$

wobei für $0{,}1 \leq \xi \leq 1{,}4$ eine Transmission von über 98% erreicht werden kann[1]. Der Winkel θ muss für beide Seitenwände des Tapers betragsmäßig gleich groß sein. Wird der Taper so entworfen, dass bei einer beliebigen Breite W, zwischen der maximalen Taper-Breite W_{max} und der minimale Taper-Breite W_{min}, siehe Abbildung 3.3, ein Winkel θ, mit $\xi = 2$ für eine bestimmte Design-Wellenlänge λ_0 und eine effektive Brechungsindex n_{eff} entsteht, kommt es zur Moden-Konversion in höherer Ordnung ($\theta > \theta_m$) und ebenfalls wird dadurch die Transmission der angeregten Grundmode auf ca. 89% reduziert[9].

Um die Moden-Konversion in höher Ordnung zu vermeiden, muss die Taper-Länge L_T, siehe Abbildung 1, lang genug sein damit die Seitenwände des Tapers sich langsamer als die Moden-Ausbreitung der angeregten Grundmode ausbreiten, somit ist der Winkel θ flach genug, dass die Bedingung $0{,}1 \leq \xi \leq 1{,}4$ stets erfüllt ist.

Abbildung 3.4 zeigt die Simulationsergebnisse der TE_{00}^{aus}-Transmission in Abhängigkeit von der Taper-Länge L_T bei einer angeregten TE_{00}^{aus}, durchgeführt mit der Photon Design Software [2] an einem Taper mit einer Silizium-Dicke H_{Si} von 220 nm, maximalen Breite, W_{max} von 10 μm und einer minimalen Breite, W_{min} von 500 nm. Die Simulationsergebnisse der TE_{00}^{aus}-Transmission zeigt, dass diese adiabatische Bedingung an einem Taper bei einer mindestens Taper-Länge $L_T \geq$ 150 μm erfüllt ist, so dass eine TE_{00}^{aus}-Transmission $\geq$ 98% gewährleistet werden kann. Bei einer Taper-Länge $L_T <$ 150 ist $\xi >$ 1,4 werden die Anteile der Moden höherer Ordnung größer, so dass eine TE_{00}^{aus}-Transmission von weniger als 96 % zu erzielen

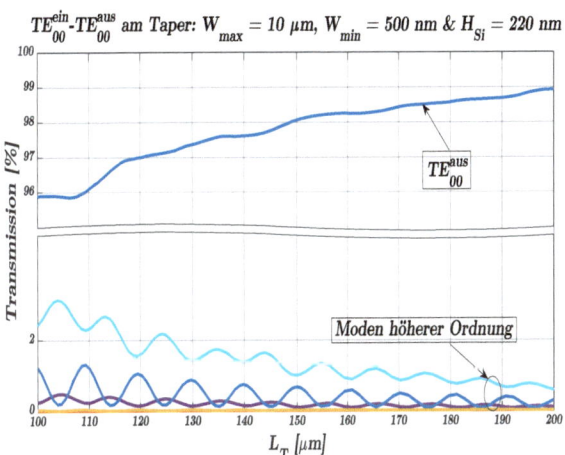

Abbildung 3.4: TE_{00}^{ein}-TE_{00}^{aus}-Transmission in % am Taper in Abbildung 3.3

ist bei einer Taper-Länge L_T von 100 μm. Das liegt daran, dass bei gleich bleibenden H_{Si}, W_{max} und W_{min} führt eine kleine Taper-Länge L_T zu einem großen Winkel θ bzw. ξ, was wiederum zur Moden-Konversion in höher Ordnung ($\theta > \theta_m$) und zur Reduzierung der TE_{00}^{aus}-Transmission führt.

Im Kapitel 4 wird das Thema, Gitterkoppler eingeführt, das in seinem Hauptbestandteil einen Taper mit der gleichen H_{Si}, W_{max} und W_{min}, wie der Taper, der in Abbildung 3.4 simuliert wird jedoch mit einer Länge von 700 μm um u.a. eine Transmission von über 99% zu gewährleisten.

---

[1] In der Referenz [9] wurde anstatt ξ, α verwendet. In dieser Arbeit wird α für einen anderen Parameter vergeben

4 Gitterkoppler

Im Rahmen dieser Masterarbeit wurden bei der Messung der verschiedenen Polarisationsteiler (PS), Faser mit einem Kerndurchmesser von 9 μm verwendet um das Licht auf dem (Wire-Taper-Moden-Konverter) (WTMK) bzw. auf dem (Rippen-Taper-Moden-Konverter) (RTMK) einzuführen und das aus dem adiabatischen direktionalen Koppler (ADC) abgestrahlte Licht aus zu koppeln. Das Problem hierbei ist, dass die (Wire-Taper-Moden-Konverter)-, (Rippen-Taper-Moden-Konverter)- und die adiabatischer direktionaler Koppler-Dimensionen, verglichen mit dem Faser-Kerndurchmesser so klein sind, dass das Einführen bzw. Auskoppeln vom Licht kaum möglich ist. Um das Problem zu lösen, muss eine Zwischen-optische Struktur realisiert werden, die das Licht mit höherer Koppeleffizienz ein-bzw. aus koppelt.

Ein adiabatischer Gitterkoppler (GK) bietet die Lösung für dieses Problem. Der adiabatische Gitterkoppler muss so dimensioniert werden, dass die Gitterkoppler-Breite auf der Seite, auf der das Licht über die Faser auf dem Chip eingeführt bzw. vom Chip in der Faser ausgekoppelt werden soll, der Größe des Faser-Kerndurchmessers entspricht. Im experimentellen Teil dieser Arbeit wurden Chips gemessen, auf denen das Licht über eine Gitterkoppler-Breite von 10 μm ein bzw. ausgekoppelt wird.

Auf der anderen Seite soll der Gitterkoppler eine Breite von 500 nm haben. Diese Breite stimmt mit der (Wire-Taper-Moden-Konverter)- bzw. der (Rippen-Taper-Moden-Konverter)-Breite(W_1) überein um das Licht von der Faser über den GK in den Polarisationsteiler zuführen. Damit die Gitterkoppler-Breite an der adiabatischen direktionalen Koppler-Breite des oberen Arms(W_3, ($||$)) und an der vom unteren Arm(W_5, (X)) angepasst wird, wird ein Taper gebaut, der auf eine Seite die Breite W_3 für den oberen Arm ($||$) bzw. eine W_5 für den oberen Arm (X) des adiabatischen direktionalen Kopplers hat und auf der anderen Seite eine Breite von 500 nm um den oberen bzw. unteren Arm des adiabatischen direktionalen Kopplers mit dem Gitterkoppler zu verbinden, siehe Tabelle 3.2 und Abbildung 3.2. Der adiabatische Polarisationsteiler-Gitterkoppler-Taper (PGT) soll eine einzige Aufgabe haben, die Moden vom Polarisationsteiler zum Gitterkoppler unverändert und nahezu verlustfrei weiterzuleiten, siehe Abbildung 4.1.

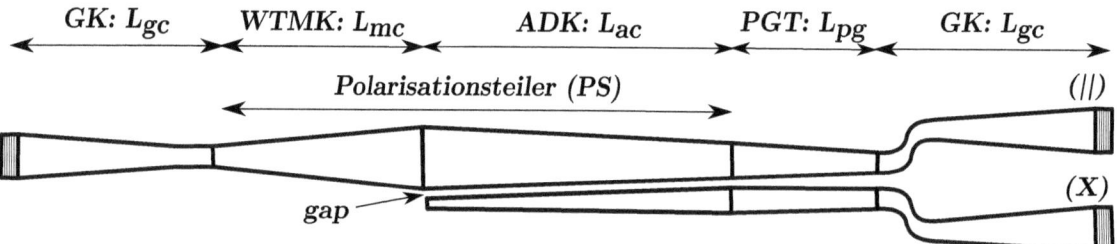

Abbildung 4.1: rechts vom PS dient der PGT dazu, die Breite W_3 adiabatisch mit einer L_{pg} von 20 μm, an die 500 nm GK-Anfangsbreite anzupassen.

Abbildung 4.1 zeigt den gesamten Aufbau der im Rahmen dieser Arbeit gemessenen optischen Strukturen. In diesem Beispiel-Aufbau besteht der Polarisationsteiler aus einem (Wire-Taper-Moden-Konverter) und einem adiabatischer direktionaler Koppler. Links vom Polarisationsteiler dient ein Gitterkoppler dazu die angeregten Mode von der Faser zum Polarisationsteiler einzuführen. Da die Gitterkoppler-Seite zum Polarisationsteiler hin eine einzige Breite von 500 nm haben, ist am oberen Arm des adiabatischen direktionalen Kopplers ein Polarisationsteiler-Gitterkoppler-Taper strukturiert um die Breite W_3 adiabatisch, mit einer Polarisationsteiler-Gitterkoppler-Taper-Länge, L_{pg} von 20 μm, an die 500 nm der GK-Anfangsbreite anzupassen. Der untere Arm wird mit einer konstanten Breite von 500 nm um die L_{pg} zum Gitterkoppler hin verlängert. Auf der Gitterkoppler-Seite mit der 10 μm Breite ist eine periodische Gitterstruktur mit endlicher Anzahl an rechteckigen Gittergruben geätzt. Beim Auskoppeln des Lichtes dienen die Gittergruben dazu die Reflektionen verglichen mit einer glatten Gitterkoppler-Oberfläche zu reduzieren und eine effiziente Ankopplung des eingeführten Lichtes in dem Gitterkoppler zu ermöglichen. Die Gitter-Grubenbreite W_g bzw. -Stegbreite W_r, siehe Abbildung 4.2 geben die Gitterperiode des Gitterkopplers an. Beim Auskoppeln wird das Licht mit u.a. 90°senkrecht zum Gitterkoppler ausgestrahlt[15]. Das führt zur Dirffraktionen zweiter Ordnung, die das Licht in den Wellenleiter zurück reflektieren. Die periodischen Gittergruben reduzieren diese Reflexionen und führen zum effizienten Auskoppeln.

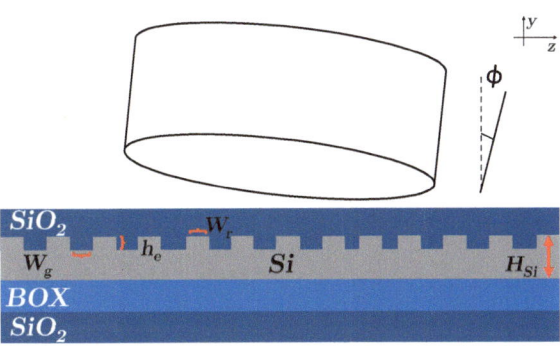

Abbildung 4.2: Ein Faserkern mit dem Winkel ϕ zur Gitterkoppler-Oberfläche

Die Reflexionen können beim Ein bzw. Auskoppeln weiter reduziert werden, indem die Faser um ein kleiner Winkel ϕ bezüglich der Gitterkoppler-Oberflächennormale justiert wird, siehe Abbildung 4.2.

Angaben zum Gitterkoppler & Faserwinkel		
GK	TE_{00}-GK	TM_{00}-GK
λ	1550 nm	1585 nm
n_{eff}	2,460	1,524
Λ	630 nm	1040 nm
W_g	315 nm	520 nm
W_r	315 nm	520 nm
h_e	70 nm	
H_{Si}	220 nm	
L_{gs}	15 μm	
ϕ	14°	20°

Tabelle 4.1: die Gitterperiode Λ, die Wellenlänge λ, die Gitter-Grubenbreite W_g, -Stegbreite W_r, der effektive Brechungsindex n_{eff}, die Ätztiefe h_e, die Silizium-Dicke H_{Si} und die Grube- Steg-Länge, L_{gs} für jeweils TE_{00}-GK und TE_{00}-GK. ϕ ist der Faserwinkel zu der Oberflächennormale

Die Gitterperiode für vertikales Einkoppeln außerhalb der Ebene ist mit $\Lambda = \frac{\lambda_0}{n_{eff}}$ definiert. λ_0 ist die Design-Wellenlänge und beim vernachlässigbaren Störungsfaktoren um den Gitterkoppler und das angekoppelte Licht lässt die n_{eff} aus der effektiven Brechungsindex der eingeführten Eingenmode ermitteln, ansonten muss sie berechnet werden. Gitter-Grubenbreite W_g bzw. -Stegbreite W_r sind dann nach der halben Gitterperiode zu dimensionieren : $\frac{\Lambda}{2} = W_g = W_r$. In den auf den Chips verbauten Gitterkoppler sind es 25 Perioden Grube-Steg über eine gesamte Länge L_{gs} von 15 μm mit einer konstanten Breite von 10 μm. Die Ätztiefe h_e von 70 nm, bei einer Silizium-Dicke von H_{Si} von 220 nm beträgt die Slab-Höhe 150 nm, siehe Tabelle 4.1.
Es gibt einen Unterschied zwischen dem effektiven Index der TE_{00}-und der TM_{00}-Grundmode[15].

Deswegen sind die Gitterkoppler stark polarisationsselektiv[15]. Daher muss bei der Ankopplung einer transversalen-elektrischen Grundmode auf der Eingangseite (TE_{00}^{ein}) bzw. bei der Abkopplung einer transversalen-elektrischen Grundmode auf der Ausgangsseite (TE_{00}^{aus}) einen dafür geeigneten Gitterkoppler mit einer dazu bestimmten Gitterperiode verwendet werden, in dieser Arbeit wird dieser Gitterkoppler mit TE_{00}-GK bezeichnet (mit dem gleichen TE_{00}-GK wird die TE_{00}^{ein}-Mode angekoppelt).

Aus dem gleichen Polarisationsselektivität-Grund muss bei der Abkopplung einer transversalen-magnetischen Grundmode auf der Eingangseite (TM_{00}^{ein}) bzw. bei der Abkopplung einer transversalen-magnetischen Grundmode auf der Ausgangsseite (TM_{00}^{aus}) einen dafür geeigneten Gitterkoppler mit einer anderen Gitterperiode verwendet werden als die Gitterperiode, die beim Ankoppeln von TE_{00}^{ein}- bzw. Auskoppeln von TE_{00}^{aus}-Mode eingesetzt wird. Der zu diesen Zwecken in dieser Arbeit verwendeten Gitterkoppler wird mit TM_{00}-GK bezeichnet (mit dem gleichen TM_{00}-GK wird die TE_{00}^{aus}-Mode angekoppelt).

Die Angaben zu den Gitterperioden für jeweils den TE_{00}-GK- und den TM_{00}-Mode-Gitterkoppler (TM_{00}-GK) sind in Tabelle 4.1 aufgelistet.

Die Kopplungseffizienz von der Faser zum Wellenleiter ist die gleiche Kopplungseffizienz. wie die vom Wellenleiter zur Faser, weil die Kopplung zwischen den beiden Modi (Singlemode-Faser und Wellenleiter) berücksichtigt[15] werden. Im Rahmen dieser Arbeit werden die Messergebnisse der Abkopplung des Lichtes aus dem Gitterkoppler in die Faser präsentiert und diskutiert.

4.1 Optimierung des Gitterkopplers

Die Kopplungseffizienz des Gitterkopplers ist durch zwei Faktoren begrenzt. Zum einen dem Faktor Licht, das aus dem Wellenleiter bzw. aus dem adiabatischer direktionaler Koppler im Gitterkoppler eingeführt wird. Dieses, ist nicht nur nach oben zur Faser hin, sondern auch nach unten zum Substrat hin gekoppelt. Zweitens gibt es eine Fehlanpassung zwischen dem Feld des Gitterkopplers und der Faser[15].

Um eine Fehlanpassung zwischen dem Gitterkoppler und der Faser zu eliminieren, wird eine SiO_2-Schicht auf der Silizium-Schicht mit den rechteckigen Gittergruben abgeschieden, siehe Abbildung 4.3 (a) und (b), mit dem Brechungsindex $n_{SiO2}(\lambda = 1550\ nm) = 1{,}460$ (siehe Tabelle 3.1, L_9), die der Brechungsindex von standardisierter Single-Mode-Faser (SMF) bei gleicher Wellenlänge fast identisch ist $n_{SMF}(\lambda = 1550\text{-}1625\ nm) \approx 1{,}468$[16]. Das führt bei der gleichen Λ und ϕ zu Erhöhung der Koppeleffizienz verglichen mit einem Gitterkoppler ohne die SiO_2-Schicht auf der Silizium-Schicht mit den rechteckigen Gittergruben. Der Der im Rahmen dieser Arbeit

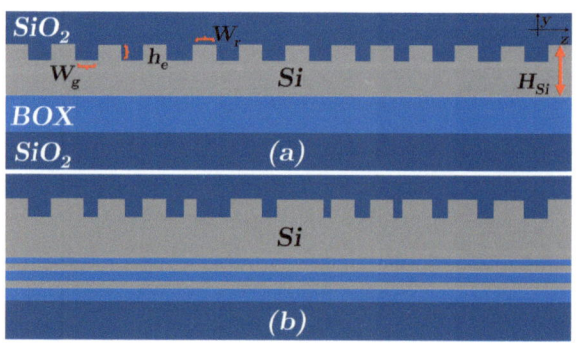

Abbildung 4.3: (a) gleichförmige (b) ungleichförmige Gittergruben und Si/SiO_2 als Spiegelschicht

verwendete Gitterkoppler hat diese Brechungsindex-Anpassung, siehe Abbildung 4.3(a). Weiterhin muss das Problem der Koppelung des Substrats nach unten durch den Faktor Licht, aufgehoben werden. Dafür wird in dieser Referenz[15] vorgeschlagen, eine Reflektoren-Struktur unter der Silizium-Schicht mit den rechteckigen Gittergruben hinzuzufügen. Eine Möglichkeit, das nach unten zum Substrat hin gekoppelte Licht wieder auf der Silizium-Schicht zu bringen, liefern die Schichtpaare aus Si/SiO_2, siehe Abbildung 4.3 (b). Diese Reflektoren-Struktur funktioniert wie einen Spiegel und verspricht eine Erhöhung der Koppeleffizienz. Eine weitere Optimierung der Koppeleffizienz kann durch ungleichförmige Gittergruben erreicht werden. Das liegt daran, dass die Ausgangsstrahlung in Ausbreitungsrichtung z exponentiell abfällt:

$$P = P_0 exp(-2\alpha z) \qquad (3)$$

α wird ein Leckfaktor oder eine Kopplungsstärke genannt und kann eine Funktion die Ausbreitungsrichtung werden $\alpha(z)$, wenn bestimmte Änderungen bezüglich der Breite und der Tiefe der Gittergruben zur ungleichförmigen Gittergruben führen, siehe Abbildung 4.3(b). Die genaue Beschreibung der ungleichförmigen Gittergruben, die zum Gaußschen Ausgangsstrahl mit besserer Koppeleffizienz beitragen sind in den Referenzen[15, 17, 18] beschrieben.

Die Koppeleffizienz bzw. die Gitterkoppler-Verluste vom sowohl TE_{00}-GK als auch TM_{00}-GK, sind im experimentellen Teil dieser Arbeit, in Kapitel 5.1.3 auf Seite 22, aus den Messdaten verschiedener Referenzwellenleiter ermittelt worden. [4, 5, 19, 20, 13, 21, 22, 7]

5 Messung

Im Rahmen dieser Masterabeit wurden 5 Chips gemessen, von Chip 1 (C_1) bis Chip 5 (C_5). Auf jedem Chip befinden sich 8 unterschiedlichen Polarisationsteiler und 5 Referenzwellenleiter.

Wie bereits, im Kapitel 4 auf Seite 10, erläutert wird für die An- von TE_{00}^{ein} bzw. die Abkopplung von TE_{00}^{aus} ein anderer Gitterkoppler mit einer bestimmten Gitterperiode verlangt, als der für die Ankopplung von TM_{00}^{ein} bzw. die Auskopplung von TM_{00}^{aus} notwendig ist. Aus diesem Grund ist die Polarisationsselektivität im Gitterkoppler, die mit sich die Notwendigkeit bringt bei jedem Messverfahren einen anderen Gitterkoppler zu verwenden: für die TE_{00}^{ein}-TE_{00}^{aus}-Messung einen TE_{00}-GK auf beiden Seiten des Polarisationsteilers, siehe Abbildung 5.1(a), für die TM_{00}^{ein}-TM_{00}^{aus}-Messung einen TM_{00}-GK auf beiden Seiten des Polarisationsteilers, siehe Abbildung 5.1(b), für die TM_{00}^{ein}-TE_{00}^{aus}-Messung einen TM_{00}-GK auf der Polarisationsteilers-Seite, auf der die TM_{00}^{ein} angeregt wird und einen TE_{00}-GK auf der Polarisationsteilers-Seite, auf der die TM_{00}^{aus} ausgekoppelt wird, siehe Abbildung 5.1(c). Das gilt für alle PS sowohl mit einem (Wire-Taper-Moden-Konverter) (Abbildung 5.1 stellt ein Beispiel davon dar) als auch für die beiden (Rippen-Taper-Moden-Konverter)(siehe Tabelle 3.2). In Abbildung 5.1 werden drei Polarisationsteiler zu einem der sechs Polarisationsteiler »PS3«- »PS8«, aus Tabelle 3.2, mit jeweils einem (Wire-Taper-Moden-Konverter) und unterschiedlichen Gitterkoppler dargestellten. Es wird angenommen, dass die Polarisationsteiler mit unterschiedlichen GK die gleiche Silizium-Dicke H_{Si} von ca. 220 nm haben und jedem der drei Polarisationsteiler aus Abbildung 5.1 einen einzeln Polarisationsteiler aus Tabelle 3.2, bis auf den Gitterkoppler auf jeder Seite, gleich abbilden. Für die beiden Polarisationsteiler »PS1« & »PS2« werden die (Wire-Taper-Moden-Konverter) in Abbildung 5.1 mit den (Wire-Taper-Moden-Konverter) aus Abbildung 3.2 ersetzt.

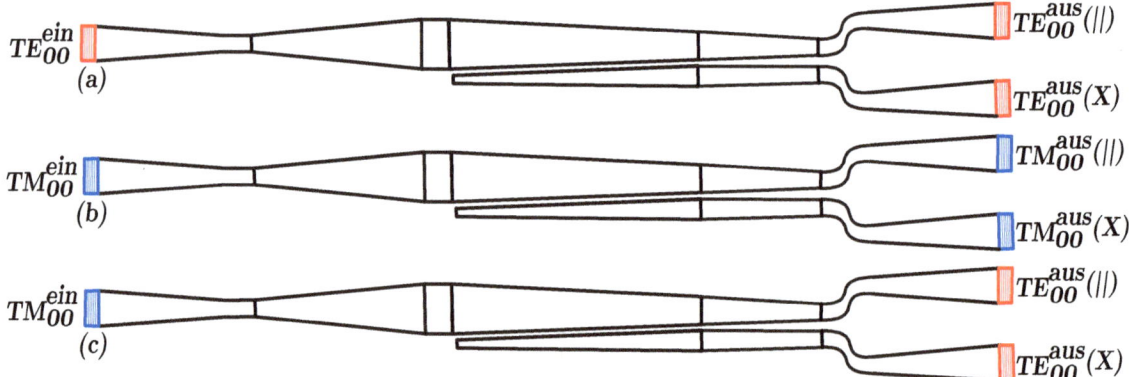

Abbildung 5.1: Jeder der einzeln 8 verbauten Polarisationsteiler ist 3-mal vorhanden: (a)TE_{00}-GK auf jeder Seite für die TE_{00}^{ein}-TE_{00}^{aus}- (b) TM_{00}-GK auf jeder Seite für die TM_{00}^{ein}- TM_{00}^{aus}- (c) TE_{00}-GK und TM_{00}-GK für die TE_{00}^{ein}-TE_{00}^{aus}-Messung.

Ergänzend zur gezeigten Aufbauentwurf in Abbildung 4.1 wird der im realen Layout vorhandene gerade Wellenleiter zwischen dem Moden-Konverter und dem adiabatischen direktionalen Koppler hinzugefügt, siehe Abbildung 5.1. Dieser geraden Wellenleiter hat die Endbreite des Moden-Konverters und dient als Längenausgleich bei Veränderung der Längen von Wire-Taper-Moden-Konverter, L_{mc} und adiabatischen direktionalen Koppler, L_{ac}. Alle Teststrukturen haben durch den Längenausgleich die gleiche Gesamtlänge von 1630 μm, was Messvorgänge erleichtert. Die Polarisationsteiler-Gitterkoppler-Taper-Länge ist hierbei bei allen Polarisationsteiler gleich und beträgt 20 μm. Die Längen der geraden Wellenleiter zu den unterschiedlichen Polarisationsteiler-Längen sind in Tabelle 3.2 aufgelistet.

Damit diese 3 Messverfahren an jedem einzeln der 8 Polarisationsteiler durchgeführt werden können, ist jeder einzelne Polarisationsteiler 3-mal auf dem Chip mit oben erwähnte Gitterkoppler-Kombinationen vertreten. Das heißt: An einem Chip wurden um alle Polarisationsteiler und alle Referenzwellenleiter 53 Messvorgänge mit einem Wellenlängen-Sweep $1525\ nm \leq \lambda \leq 1565\ nm$ durchgeführt. Jeder Messvorgang wurden 3-mal innerhalb eines Zeitintervalls von ca. 5 s aufgenommen um eine konstante Messung zu gewährleisten. Für den Fall, dass der Messunterschied zwischen den ersten und den zweiten aufgenommen $> 0{,}2\ dBm$ wurde die Messdaten vernichtet, die Faser über den Gitterkoppler auf bei den Seiten erneut justiert um einen neuen Messvorgang zu starten. Dadurch entstanden bei jedem Messvorgang 3 Messdaten-Matrizen aus jeweils 10002 Zeilen und 2 Spalten. Demnach sind bei allen Messvorgängen aller Polarisationsteiler und Referenzwellenleiter auf einem einzelnen Chip 159 Matrizen mit jeweils 10002 Zeilen und 2 Spalten entstanden. Die Messergebnisse wurden mit MATLAB[3] ausgewertet und eine der 3 gespeicherten Messdaten-Aufnahmen bei jedem der 53 Messvorgänge pro Chip werden im Laufe der folgenden Kapitel dargestellt und diskutiert.

Die Präsentation der Messergebnisse wird sich in folgenden Punkten aufteilen:

(a) Referenzwellenleiter: Ziel der Präsentation der Messdaten ist die Messabweichung, die bei der Messung der gleichen Referenzwellenleiter von einem Chip zum anderen auftauchen zu zeigen, die Wellenleiter-, die Gitterkopplerverluste und die Gitterfunktion resultierend aus den jeweiligen Gitterkoppler auf der Ein- und Auskoppeln-Seite zu ermitteln, siehe die Abbildung 5.1.

(b) (Wire-Taper-Moden-Konverter)-Polarisationsteiler mit und ohne die Gitterfunktion (GF): Die Präsentation der Messdaten dient dazu zu zeigen, wie die Performanz der angeregten Moden an unterschiedlichen Polarisationsteiler, jeweils mit einem (Wire-Taper-Moden-Konverter) mit der Länge L_{mc}, ohne Gitterfunktion wäre, verglichen mit den realen Messergebnisse, bei denen die Moden am Gitterkoppler angeregt werden.

(c) (Rippen-Taper-Moden-Konverter)-Polarisationsteiler mit der Gitterfunktion: Die Präsentation der Messdaten dient dazu zu zeigen, wie die Performanz der angeregten Moden an beiden PS: 1 & 2, siehe Tabelle 3.2, mit jeweils einem (Rippen-Taper-Moden-Konverter) mit der Länge L_{rc}, ohne die Gitterfunktion wäre, vergleichen mit den realen Messergebnisse, bei den die Moden am Gitterkoppler angeregt werden.

Bevor die Simulationsergebnissen anhand der oben aufgelisteten Punkte dargestellt und diskutiert wird, wird das Messungs-Setup und die bei der Messung verwendeten Geräten und die dazu gehörigen Einstellungen gezeigt, siehe Abbildung 5.2(b):

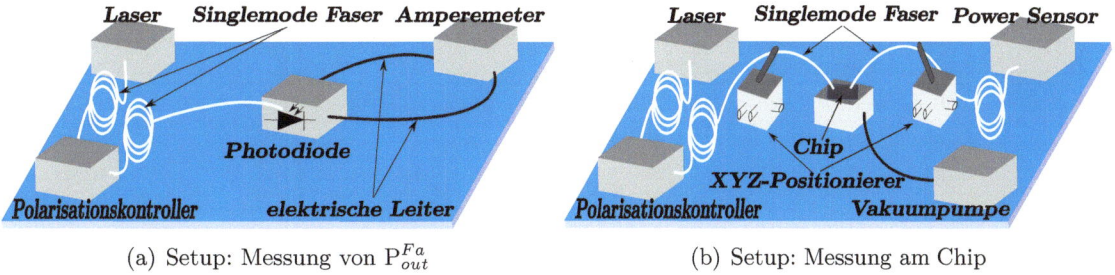

(a) Setup: Messung von P_{out}^{Fa}

(b) Setup: Messung am Chip

Abbildung 5.2: Der Messtisch und dazu gehörigen Messgeräte: (a) zur Messung von P_{out}^{Fa} (b) zur Messung aller optischen Strukturen auf den 5 Chips

- der Laser: Tunable laser source: Agilent 81940A. Die Laser-Ausgangsleistung wurde auf $P_{out}^{La} = +6$ dBm und λ auf 1550 nm bei einer angeregten TE_{00}^{ein} bzw. auf 1585 nm bei einer angeregten TM_{00}^{ein} eingestellt.

- der Polarisationskontroller: Polarization controller: Agilent 8196A, mit ihm wird der Polarisationswinkel eingestellt um eine TE_{00}^{ein} bzw. TM_{00}^{ein} anzuregen.

- Singlemode Faser mit einem Kerndurchmesser von 9 μm

- die Positionierer: es sind 2 XYZ Positionierer der Firma Thorlabs (Typ: MAX301) verwendet worden um die Faser sowohl an der Eingangsseite als auch an der Ausgangsseite des Chips fein über den Gitterkopplern zu justieren.

- die Vakuumpumpe: Um zu verhindern, dass der Chip sich beim Justieren der Faser über den Gitterkopplern bewegt, wird eine Vakuumpumpe der Firma KNF verwendet, die die Luft unterhalb des Chips absaugt und den Chip am Messtisch während der Messung festhält.

- Power Sensor: Agilent 81634B. Die Wellenlänge λ wird auf 1550 nm bei der Detektion einer TE_{00}^{aus} bzw. auf 1585 nm bei der Detektion einer TM_{00}^{aus} eingestellt.

Vor der Messung der optischen Strukturen am den verschiedlichen Chips müssen noch die Leistungsverluste am Verbindungsstecker vom Laser zum Polarisationskontroller und vom Polarisationskontroller zum Messtisch ermittelt werden bzw. muss eine Faser-Ausgangsleistung P_{out}^{Fa} ermittelt werden. Da mit der Leistung bei der Auswertung der Messergebnisse zu rechnen ist und nicht mit der kompletten P_{out}^{La} von +6 dBm. Um die Faser-Ausgangsleistung P_{out}^{Fa} zu ermitteln, wird die folgende Messung durchgeführt, siehe Abbildung 5.2(a)

* Messung der Optischen Leistung am Faserausgang mittels einer kalibrierten Photodiode: Thorlabs PD: SM05PD5A. Die Photodiode ist kalibriert, demnach ist die Photodiode-Responsivität bei der Wellenlänge $\lambda = 1550$ nm bekannt und liegt bei $R_{pd} = 0.923$ A/W.

* als nächstes wird mit dem Faserende auf die Fotodiode beleuchtet und der Fotostrom gemessen.

* dann wird mit Hilfe des Photostroms die optische Leistung nach folgender Gleichung umgerechnet:

$P_{out}^{Fa}(W) = \frac{I_{pd}[A]}{R_{pd}[A/W]}$, wobei I_{pd} der Fotostrom und R_{pd} die Responsivität der Photodiode sind. Die im experimentellen Teil dieser Arbeit gemessenen $P_{out}^{Fa}[dBm]$ liegt bei 4,64 dBm ($P_{out}^{Fa}[dBm] = 30 \cdot P_{out}^{Fa}[W]$). Das heißt bei der am Laser eingestellten +6 dBm werden am Verbindungsstecker zwischen den Geräte ca. 1,36 dBm verloren gehen.

* die errechnete Leistung entspricht der optischen Leistung am Faserausgang P_{out}^{Fa} und der, die am Gitterkoppler eingekoppelt wird. Als letztes wird P_{out}^{Fa} zur Normalisierung der Messkurven verwendet. Somit lässt sich aus den Messdaten die normierte Leistung $P_{norm}[dB]$ nach folgende Gleichung ermitteln:

$$P_{norm}[dB] = P_{out}^{mes}[dBm] - P_{out}^{Fa}[dBm] \qquad (4)$$

Wobei $P_{out}^{mes}[dBm]$ die vom Power-Sensor detektierten Leistung und die $P_{out}^{Fa}[dBm]$ 4,64 dBm ist.

Als nächstes werden die Messergebnisse nach den oben aufgelisteten Punkten von (a) bis (e) präsentiert und diskutiert.

5.1 Referenzwellenleiter

Es wurden 5 Referenzwellenleiter: »Referenzwellenleiter1« (RWL_1), »Referenzwellenleiter2« (RWL_2), »Referenzwellenleiter3« (RWL_3), »Referenzwellenleiter4« (RWL_4) und »Referenzwellenleiter5«
(RWL_5) mit einer konstanten Breite W_1 von 500 nm und Silizium-Dicke H_{Si} von 220 nm auf 5 unterschiedlichen Chips C_1 bis C_5 gemessen. Das präsentieren der Referenzwellenleiter-Messergebnisse dient dem Aufzeigen, der Art, wie die Messergebnisse von einem einzelnen Referenzwellenleiter von einem Chip zum anderen abweichen. Anhand der Messergebnisse werden auch die Wellenleiter-und Gitterkoppler-Verluste ermittelt. Die Messung, Auswertung und Datenanalyse teilt sich hierbei in die folgenden 2 Punkte:

- TE_{00}^{ein}-TE_{00}^{aus}-*Mode-Referenzwellenleiter:* hierbei wird sowohl am »Referenzwellenleiter1« als auch am »Referenzwellenleiter2« die transversale-elektrische Grundmode auf der Eingangseite (TE_{00}^{ein})- eingekoppelt und die
TE_{00}^{aus}-Mode ausgekoppelt und gemessen.

- TM_{00}^{ein}-TM_{00}^{aus}-*Mode-Referenzwellenleiter:* hierbei wird sowohl am »Referenzwellenleiter3« als auch am »Referenzwellenleiter4« die TM_{00}^{ein}- eingekoppelt und die TM_{00}^{aus}-Mode ausgekoppelt und gemessen.

- TE_{00}^{ein}-TM_{00}^{aus}-*Mode-Referenzwellenleiter:* hierbei wird am »Referenzwellenleiter5« die TE_{00}^{ein}- eingekoppelt und die TM_{00}^{aus}-Mode ausgekoppelt und gemessen.

Die oben genannten Referenzwellenleiter unterscheiden sich bezüglich der Länge dadurch, dass »Referenzwellenleiter1«, »Referenzwellenleiter3« und »Referenzwellenleiter5« die gleiche Länge $L_1^R = 1{,}70$ mm haben während »Referenzwellenleiter1« und »Referenzwellenleiter3« mit einer Länge von $L_2^R = 11{,}48$ mm länger sind. Es sind an beiden Seiten vom »Referenzwellenleiter1« und vom »Referenzwellenleiter2« TE_{00}-GK während am beiden Seiten vom »Referenzwellenleiter3« und »Referenzwellenleiter4« TM_{00}-GK verbaut. Nur am »Referenzwellenleiter1« befinden sich 2 unterschiedliche Gitterkoppler, somit ist auf der Seite, auf der die TE_{00}^{ein} angeregt ein TE_{00}-GK und auf der anderen Seite, auf der die TM_{00}^{aus} ausgekoppelt werden soll, ein TM_{00}-GK verbaut (die Unterschiede zwischen dem TE_{00}-GK und dem TM_{00}-GK sind in Tabelle 4.1 auf Seite 11 aufgelistet).

- TM_{00}^{ein}-TE_{00}^{aus}-*Mode-nummerischer Referenzwellenleiter:* hierbei wird aus den TE_{00}^{ein}-TM_{00}^{aus}-Mode- Referenzwellenleiter- und aus den TE_{00}^{ein}-TM_{00}^{aus}-Mode-Referenzwellenleiter-Messergebnisse »Referenzwellenleiter1« die normierte Leistung als Funktion der Wellenlänge dargestellt, wenn an einer Wellenleiterseite TM_{00}-GK und auf der anderen Wellenleiterseite TE_{00}-GK verbunden ist, ähnlich wie am oberen Arm des Polarisationsteiler in Abbildung 5.1(c).

5.1.1 TE_{00}^{ein}-TE_{00}^{aus}-Mode-Referenzwellenleiter

Die Messung an den TE_{00}^{ein}-TE_{00}^{aus}-Mode-Referenzwellenleitern wird mit einer TE_{00}^{ein}-Mode-Eingangleistung von $P_{out}^{Fa} = 4{,}64$ dBm eingeführt und mit den folgenden Messeinstellungen ausgekoppelt:

- der Polarisationswinkel liegt für die TE_{00}^{ein}-Mode- bei $-388°$.

- die TE_{00}^{ein}- bzw. die TE_{00}^{aus}-Mode- werden ein- bzw. ausgekoppelt am bzw. aus dem TE_{00}-GK mit einem Faser-Einstellwinkel bezüglich der TE_{00}-GK-Oberflächennormale von $\phi = 14°$.

- der Wellenlänge-Sweep läuft von $\lambda = 1525 - 1625\,nm$ mit $10\,pm$ Sweep-Schritten.

- $\lambda_{\text{Laser}} = 1550\,nm$.

- $\lambda_{\text{Sensor}} = 1550\,nm$.

Die oben aufgelisteten Messeinstellungen werden für alle Messungen an weiteren optischen Strukturen, bei denen TE_{00}^{ein}- angeregt und TE_{00}^{aus}-Mode ausgekoppelt wird, beibehalten.

Abbildung 5.3 zeigt die Kurvenverläufe zu den aufgenommen Messdaten der normierten Leistung (P_{norm}) in dB, siehe Gleichung 4, in Abhängigkeit der gesweepten Wellenlängen λ in Nanometer. Die Messungen wurden mit den gleichen oben aufgelisteten Messeinstellungen auf allen 5 Chips, C_1 bis C_5 durchgeführt. Die Messergebnisse am »Referenzwellenleiter1« mit der Länge L_1^R bzw. am »Referenzwellenleiter2« mit der Länge L_2^R sind in Abbildung 5.3 (a) bzw. (b) dargestellt. Dabei stellt ΔP_1^{TE} bzw. ΔP_2^{TE} die Messungsabweichung am gleichen »Referenzwellenleiter1« bzw. »Referenzwellenleiter2« zwischen dem höchsten und dem niedrigsten bei $\lambda = 1550\,nm$ gemessenen P_{norm} unter den 5 Chips ($P_{norm}^{C_1}...P_{norm}^{C_5}$) dar. ΔP_1^{TE} und ΔP_2^{TE} sind in Tabelle 5.1 aufgelistet, dabei repräsentiert der Hochindex TE die TE_{00}^{ein}- An- bzw. TE_{00}^{aus}-Mode Abkopplung am TE_{00}-GK.

Tabelle 5.1(a) zeigt, dass die höchst am »Referenzwellenleiter1« gemessene normiert Leistung bei $\lambda = 1550\,nm$ am Chip 3, $P_{norm}^{C_3} = $ -9,0513 dB und die niedrigsten am Chip 5, $P_{norm}^{C_5} = $ -9,9197 dB detektiert ist, so dass eine maximale Abweichung von $\Delta P_1^{TE} = $ 0,8684 dB bei der Messung vom »Referenzwellenleiter1« unter alle Chips von Chip1 bis Chip5 angenommen wird. Die Messkurven der normierten Leistung am »Referenzwellenleiter1«, aller Chips, als Funktion der gesweepten Wellenlängen in Abbildung 5.3(a) belegen diese Annahme.

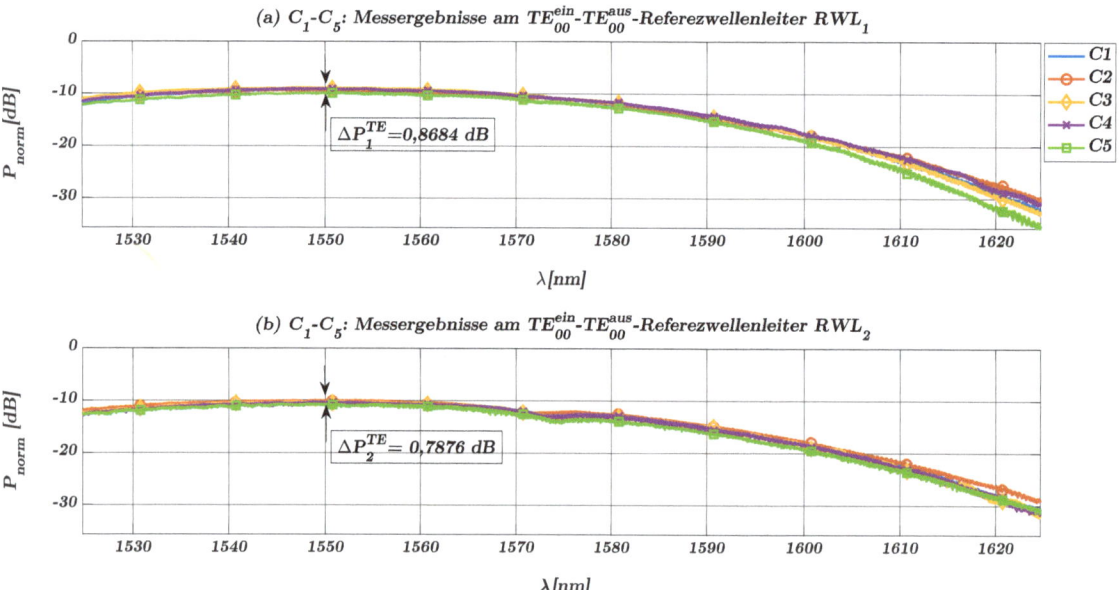

Abbildung 5.3: Referenzwellenleiter-Messergebnisse vo C_1-C_5: (a) ΔP_1^{TE} bzw. (b) ΔP_2^{TE} zeigen die Messungsabweichung am (a) TE_{00}^{ein}-TE_{00}^{aus}-RWL_1, bzw. (b) TE_{00}^{ein}- TE_{00}^{aus}-RWL_2 jeweils zwischen C_1-C_5 gemäß Tabelle 5.1

C_1-C_5: TE_{00}^{ein}-TE_{00}^{aus}, $P_{norm}(\lambda = 1550\ nm)\ [dB]$					
(a) RWL_1-Länge: $L_1^R = 1,70\ mm$, $W_1 = 500\ nm$ & $HSi = 220\ nm$					
$P_{norm}^{C_1}$	$P_{norm}^{C_2}$	$P_{norm}^{C_3}$	$P_{norm}^{C_4}$	$P_{norm}^{C_5}$	$\Delta P_1^{TE} = P_{norm}^{C_3} - P_{norm}^{C_5}$
-9,1896	-9,2707	-9,0513	-9,1431	-9,9197	0,8684 dB
(b) RWL_2-Länge: $L_2^R = 11,48\ mm$, $W_1 = 500\ nm$ & $HSi = 220\ nm$					
$P_{norm}^{C_1}$	$P_{norm}^{C_2}$	$P_{norm}^{C_3}$	$P_{norm}^{C_4}$	$P_{norm}^{C_5}$	$\Delta P_2^{TE} = P_{norm}^{C_2} - P_{norm}^{C_5}$
-10,1861	-10,0483	-10,5413	-10,5449	-10,8359	0,7876 dB

Tabelle 5.1: Gemessene $P_{norm}^{C_1-C_5}(\lambda = 1550\ nm)$ und daraus resultierende ΔP_1^{TE} bzw. ΔP_2^{TE} am (a)RWL_1 bzw.(b) RWL_2 unter den 5 gemessenen Chips, C_1-C_5 bei TE_{00}^{ein}-TE_{00}^{aus}-Mode

Abbildung 5.3(a) zeigt ebenfalls, dass die P_{nrom} im Wellenlängenbereich $1525\ nm < \lambda \leq 1575\ nm$ fast konstant verläuft und ab einer Wellenlänge von $\lambda = 1575\ nm$ fängt die P_{nrom} mit steigender Wellenlänge zu fallen. Eine mögliche Erklärung dafür ist, dass die Gitterperiode des Gitterkopplers mit der Design-Wellenlänge $\lambda = 1550\ nm$ optimiert ist ($\Lambda = \frac{\lambda_0}{n_{eff}}$) und für einen Wellenlängenbereich von $\lambda = 1550 \pm 25\ nm$ fast konstant und unabhängig von der Wellenlänge das Licht ein- bzw. aus koppelt und mit steigender Wellenlänge die Verluste am GK größer werden.

Auf Abbildung 5.3(a) ist auch zu sehen, dass ab einer Wellenlänge von ca. $1590\ nm$ die Koppelverluste der TE_{00}-GK auf jeder Seiten der »Referenzwellenleiter1« so groß werden, dass die normierte Leistung Werte von kleiner als $-15\ dB$ erreicht. Das heißt ab dieser Wellenlänge ist mit zusätzlichen über $-5\ dB$, zum großen Teil, an Koppelverluste zurechnen, vergleichen mit der normierten Leistung bei $\lambda = 1150\ nm$. Die Schlussfolgerung hierbei ist, für eine normierte Leistung $P_{nrom} \geq -15\ dB$, soll der Wellenlängenbereich der ein- bzw. ausgekoppelten TE_{00}^{ein} bzw. TE_{00}^{aus}-Mode bei einem »Referenzwellenleiter1«, mit einem TE_{00}-GK auf jeder Seite, bei ca. $1525\ nm < \lambda \leq 1590\ nm$ liegen.

Tabelle 5.1(b) zeigt, dass die höchste am »Referenzwellenleiter2« gemessene normiert Leistung bei $\lambda = 1550\ nm$ am Chip 2, $P_{norm}^{C_2} = -10,0483\ dB$ und die niedrigsten am Chip 5, $P_{norm}^{C_5} = -10,8359\ dB$ detektiert ist, so dass eine maximale Abweichung von $\Delta P_2^{TE} = 0,7876\ dB$ bei der Messung vom »Referenzwellenleiter2« unter alle Chips von Chip1-Chip5 angenommen wird. Die Messkurven der normierten Leistung am »Referenzwellenleiter2«, aller Chips, als Funktion der gesweepten Wellenlängen in Abbildung 5.3(b) belegen diese Annahme.

Abbildung 5.3(b) zeigt ebenfalls, dass die Beobachtung bezüglich der Wellenlängenbereich genauso am »Referenzwellenleiter2« wie am »Referenzwellenleiter1« gemacht werden kann. Die Schlussfolgerung hierbei ist, dass auch bei einem Längenunterschied von ca. $10\ mm$ zwischen den beiden Referenzwellenleitern, können die Messkurven vom »Referenzwellenleiter1« und »Referenzwellenleiter2« so fast identisch verlaufen, wenn die Messung an verschiedenen Chips homogen gelungen ist. Die Wellenleiterverluste bei einer TE_{00}^{ein}-TE_{00}^{aus}-Mode-Messung der beiden Referenzwellenleiter sind gering und Koppelverluste an beiden Gitterkopplern sind dominierend, so dass die Messkurven in Abbildung 5.3(a) bzw.(b) als Gitterfunktion (GF) der beiden Gitterkoppler am »Referenzwellenleiter1« bzw. »Referenzwellenleiter2« annehmen ist.

5.1.2 TM_{00}^{ein}-TM_{00}^{aus}-Mode-Referenzwellenleiter

Die Messung an den TM_{00}^{ein}-TM_{00}^{aus}-Mode-Referenzwellenleitern wird mit einer TM_{00}^{ein}-Mode-Eingangleistung von $P_{out}^{Fa} = 4,64\ dBm$ eingeführt und mit den folgenden Messeinstellungen ausgekoppelt:

- der Polarisationswinkel liegt für die TM_{00}^{ein}-Mode bei $-208°$.

- die TM_{00}^{ein}- bzw. die TM_{00}^{aus}-Mode werden ein- bzw. ausgekoppelt am bzw. aus dem TM_{00}-GK mit einem Faser-Einstellwinkel bezüglich der TM_{00}-GK-Oberflächennormale von $\phi = 20°$.

- der Wellenlänge-Sweep ist bei dieser Messung für einen einheitlichen Vergleich der Messdaten ebenfalls von $\lambda = 1525 - 1625\,nm$ mit $10\,pm$ Sweep-Schritten

- $\lambda_{Laser} = 1585\,nm$

- $\lambda_{Sensor} = 1585\,nm$

Die oben aufgelisteten Messeinstellungen werden für alle Messungen an weiteren optischen Strukturen, bei denen TM_{00}^{ein}- angeregt und TM_{00}^{aus}-Mode ausgekoppelt wird, beibehalten. Abbildung 5.4 zeigt die Kurvenverläufe zu den aufgenommen Messwerten der normierten Leistung P_{norm} in dB in Abhängigkeit der gesweepten Wellenlängen λ in Nanometer. Die Messungen wurden mit den gleichen oben aufgelisteten Messeinstellungen auf allen 5 Chips, C_1 bis C_5 durgeführt. Die Messergebnisse am »Referenzwellenleiter3« mit der Länge L_1^R bzw. am »Referenzwellenleiter4« mit der Länge L_2^R sind in Abbildung 5.4 (a) bzw. (b) dargestellt. Dabei stellt ΔP_1^{TM} bzw. ΔP_2^{TM} die Messungsabweichung am gleichen »Referenzwellenleiter3« bzw. »Referenzwellenleiter4« zwischen dem besten und dem schlechtesten bei $\lambda = 1585nm$ gemessenen P_{norm} unten den 5 Chips($P_{norm}^{C_1}...P_{norm}^{C_5}$). ΔP_1^{TM} und ΔP_2^{TM} sind in Tabelle 5.2 aufgelistet, dabei repräsentiert der Hochindex TM die TM_{00}^{ein}- An- bzw. TM_{00}^{aus}-Mode Abkopplung am TM_{00}-GK.

Tabelle 5.2(a) zeigt, dass die höchst am »Referenzwellenleiter3« gemessene normiert Leistung bei $\lambda = 1585\,nm$ am Chip 3, $P_{norm}^{C_3}$ = -9,0807 dB und die niedrigste am Chip 5, $P_{norm}^{C_5}$ = -10,1914 dB detektiert ist, so dass eine maximale Abweichung von $\Delta P_1^{TM} = 1,1107$ dB bei der Messung vom »Referenzwellenleiter3« unter alle Chips von Chip1-Chip5 angenommen wird.

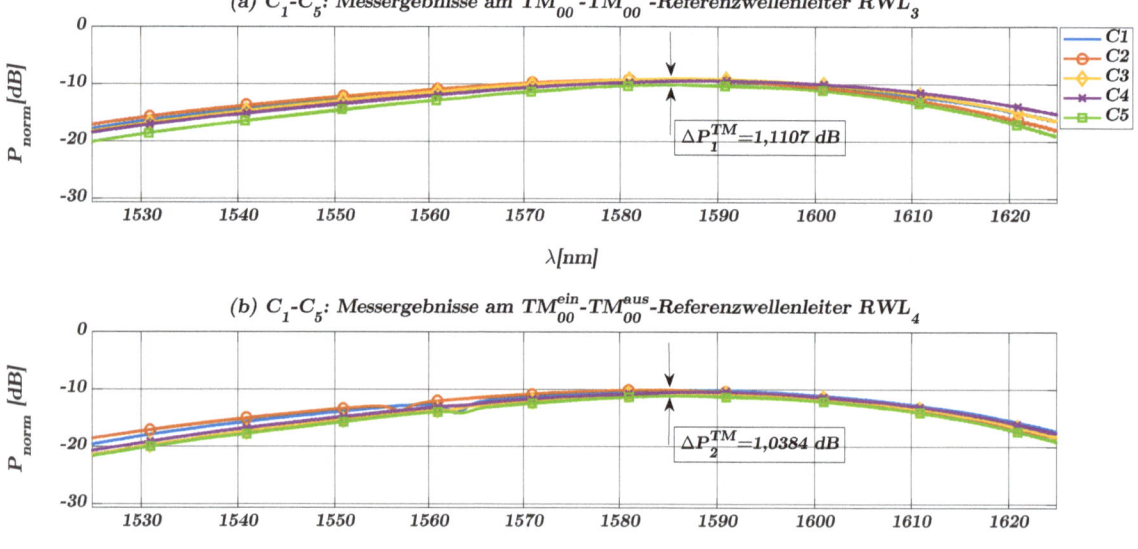

Abbildung 5.4: Referenzwellenleiter-Messergebnisse vom C_1-C_5: (a) ΔP_1^{TM} bzw. (b) ΔP_2^{TM} zeigen die Messungsabweichung am (a) TM_{00}^{ein}-TM_{00}^{aus}-RWL_1, bzw. (b) TM_{00}^{ein}-TM_{00}^{aus}-RWL_2 jeweils zwischen C_1-C_5 gemäß Tablle 5.2

C1-C5: $\text{TM}_{00}^{ein}\text{TM}_{00}^{aus}$-Mode, $\text{P}_{norm}^{C_1-C_5}(\lambda = 1585\ nm)\ [dB]$					
(a) RWL$_3$-Länge: L_1^R = 1,70 mm, W$_1$= 500 nm & HSi = 220 nm					
$\text{P}_{norm}^{C_1}$	$\text{P}_{norm}^{C_2}$	$\text{P}_{norm}^{C_3}$	$\text{P}_{norm}^{C_4}$	$\text{P}_{norm}^{C_5}$	$\Delta P_1^{TM}=\text{P}_{norm}^{C_5}-\text{P}_{norm}^{C_3}$
-9,3282	-9,1010	-9,0807	-9,5151	-10,1914	1,1107
(b) RWL$_4$-Länge: L_2^R = 11,48 mm, W$_1$= 500 nm & HSi = 220 nm					
$\text{P}_{norm}^{C_1}$	$\text{P}_{norm}^{C_2}$	$\text{P}_{norm}^{C_3}$	$\text{P}_{norm}^{C_4}$	$\text{P}_{norm}^{C_5}$	$\Delta P_1^{TM}=\text{P}_{norm}^{C_5}-\text{P}_{norm}^{C_2}$
-10,116	-10,0556	-10,5794	-10,5367	-11,094	1,0384

Tabelle 5.2: Gemessene $\text{P}_{norm}^{C_1-C_5}(\lambda = 1585\ nm)$ und daraus resultierende ΔP_1^{TM} bzw. ΔP_2^{TM} am (a)RWL$_3$ bzw.(b) RWL$_4$ unten den 5 gemessenen Chips, C$_1$-C$_5$ bei TM_{00}^{ein}-TM_{00}^{aus}-Mode

Die Messkurven der normierten Leistung am »Referenzwellenleiter3«, aller Chips, als Funktion der gesweepten Wellenlängen in Abbildung 5.4(a) belegen diese Annahme.
dass die P$_{nrom}$ im Wellenlängenbereich 1575 $nm < \lambda \leq$ 1595 nm fast konstant verläuft und außerhalb dieses Wellenlängenbereiches als Funktion der Wellenlänge fällt. Eine mögliche Erklärung dafür ist, dass die Gitterperiode des Gitterkopplers mit der Design-Wellenlänge $\lambda = 1585\ nm$ optimiert ist und für einen Wellenlängenbereich von $\lambda = 1550 \pm 10\ nm$ fast konstant und unabhängig von der Wellenlänge das Licht ein- bzw. aus koppelt wird und außerhalb dieses die Verluste am GK größer werden.

Abbildung 5.4(a) zeigt ebenfalls, dass ab einem Wellenlängenbereich von ca. 1545 $nm < \lambda \leq$ 1615 nm die Koppelverluste der TM$_{00}$-GK auf jeder Seiten der »Referenzwellenleiter3« so groß wird, dass die normierte Leistung Werte von kleiner als -15 dB erreicht. Das heißt zum größten Teil ab diesem Wellenlängenbereich zum großen Teil mit zusätzlichen über -5 dB an Koppelverlusten zu rechnen ist, verglichen mit der normierten Leistung bei $\lambda = 1585\ nm$. Die Schlussfolgerung hieraus ist, dass für eine normierte Leistung P$_{nrom} \geq$ -15 dB, der Wellenlängenbereich der ein- bzw. ausgekoppelten TM_{00}^{ein}- bzw. TM_{00}^{aus}-Mode an einem »Referenzwellenleiter3«, mit einem TM$_{00}$-GK auf jeder Seite, die Werte 1545 $nm \leq \lambda \leq$ 1615 nm liegen soll.

Tabelle 5.2(b) zeigt, dass die höchst am »Referenzwellenleiter4« gemessene normiert Leistung bei $\lambda = 1585\ nm$ am Chip 2, $P_{norm}^{C_2}$ = -10,0556 dB und die niedrigsten am Chip 5, $P_{norm}^{C_5}$ = -11,094 dB detektiert ist, so dass eine maximale Abweichung von ΔP_2^{TM} = 1,0384 dB bei der Messung vom »Referenzwellenleiter4« unter allen Chips von Chip1 bis Chip5 angenommen wird. Die Messkurven der normierten Leistung am »Referenzwellenleiter4«, aller Chips, als Funktion der gesweepten Wellenlängen in Abbildung 5.4(b) belegen diese Annahme.
Abbildung 5.4(b) zeigt ebenfalls, dass die Beobachtung bezüglich des Wellenlängenbereichs genauso am »Referenzwellenleiter4« wie am »Referenzwellenleiter3« gemacht werden kann. Die Schlussfolgerung hieraus ist, dass auch bei einem Längenunterschied zwischen von ca. 10 mm zwischen den beiden Referenzwellenleiter, die Messkurven vom »Referenzwellenleiter3« und »Referenzwellenleiter4« so fast identisch im Wellenlängenbereich 1545 $nm \leq \lambda \leq$ 1615 nm verlaufen können, wenn wenn die Messung an verschiedenen Chips homogen gelungen ist, die Wellenleiterverluste bei einer TM_{00}^{ein}-TM_{00}^{aus}-Mode-Messung der beiden Referenzwellenleiter gering und Koppelverluste am beiden Gitterkoppler dominierend sind, so dass die Messkurven in Abbildung 5.4(a) bzw.(b) als Gitterfunktion (GF) der beiden Gitterkoppler am »Referenzwellenleiter3« bzw. »Referenzwellenleiter4« annehmen.

5.1.3 Wellenleiter- und Gitterkoppler-Verluste

DieWellenleiter-Verluste und Gitterkoppler-Verluste werden sowohl am TE_{00}^{ein}-TE_{00}^{aus}-Mode-Referenzwellenleitern- als auch am TM_{00}^{ein}-TM_{00}^{aus}-Mode-Referenzwellenleiter ermittelt.

- Die Ermittlung der Wellenleiter-Verluste und Gitterkoppler-Verluste am TE_{00}^{ein}-TE_{00}^{aus}-Mode-Referenzwellenleitern: hierbei werden die in Tabelle 5.1 aufgelisteten normierten Leistungen bei $\lambda = 1550\ nm$ am RWL_1 und RWL_2, unter allen 5 Chips: C_1-C_5, übereinander geplotet, siehe Abbildung 5.5(a). Dabei repräsentieren die Kreise ($\bigcirc$) die in Tabelle 5.1(a) aufgelisteten normierten Leistungen $P_{norm}^{C_1-C_5}(\lambda = 1550\ nm)$ am RWL_1 und die Quadrate ($\square$) repräsentieren die in Tabelle 5.1(b) aufgelisteten normierten Leistungen $P_{norm}^{C_1-C_5}(\lambda = 1550\ nm)$ am RWL_2. Die Gleichung (5) stellt die lineare Regression (lRg) der in Abbildung 5.5(a) geploteten $P_{norm}^{C_1-C_5}(\lambda = 1550\ nm)$ vom jeweiligen RWL_1 und RWL_2 dar.

$$y_{(\text{TETE})} = -0{,}1192 \cdot x - 8{,}9609 \qquad (5)$$

- Die Ermittlung der Wellenleiter-Verluste und Gitterkoppler-Verluste am TM_{00}^{ein}-TM_{00}^{aus}-Mode-Referenzwellenleitern: hierbei werden die in Tabelle 5.2 aufgelisteten normierten Leistung bei $\lambda = 1585\ nm$ am RWL_3 und RWL_4, unter allen 5 Chips: C_1-C_5, übereinander geplotet, siehe Abbildung 5.5(b). Dabei repräsentieren die Kreisen ($\bigcirc$) die in Tabelle 5.2(a) aufgelisteten $P_{norm}^{C_1-C_5}(\lambda = 1585\ nm)$ am RWL_3 und die Quadrate ($\square$) repräsentieren die in Tabelle 5.2(b) aufgelisteten $P_{norm}^{C_1-C_5}(\lambda = 1585\ nm)$ am RWL_4. Die Gleichung (6) stellt die lRg der in Abbildung 5.5(b) geploteten $P_{norm}^{C_1-C_5}(\lambda = 1585\ nm)$ vom jeweiligen RWL_3 und RWL_4 dar.

$$y_{(\text{TMTM})} = -0{,}1089 \cdot x - 9{,}0709 \qquad (6)$$

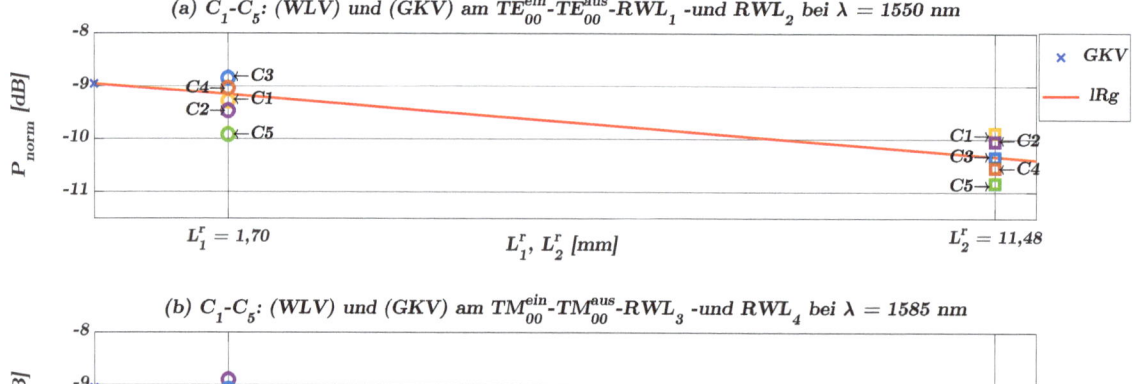

Abbildung 5.5: C_1-C_5: Wellenleiter-Verluste (WLV) und Gitterkoppler-Verluste (GKV) ermittelt durch die lineare Regression (lRg) alle Messdaten aus: (a) Tabelle 5.1 für die Referenzwellenleiter RWL_1 & RWL_2 (TE_{00}^{ein}-TE_{00}^{aus}-Mode) und (b) aus Tabelle 5.2 für die Referenzwellenleiter RWL_3 & RWL_4 (TM_{00}^{ein}-TM_{00}^{aus}-Mode)

Die Steigung der linearen Regression steht für die Wellenleiter-Verluste (WLV), $\frac{\Delta P}{\Delta L}$ und den Schnittpunkt mit der P_{norm}-Achse gibt zweimal den Gitterkoppler-Verlusten an. Somit lässt sich für die beide TM_{00}^{ein}-TM_{00}^{aus}-Mode-Referenzwellenleitern, »Referenzwellenleiter3« und »Referenzwellenleiter4« jedes Chips, einheitliche WLV von $\frac{\Delta P}{\Delta L}$ von $-0,1089\,\frac{dB}{mm}$ und einheitliche Gitterkoppler-Verluste (GKV) von $-4,53545\,dB$ auf jeder Seite bei einer Wellenlänge von $\lambda = 1585\,nm$ annehmen.

5.1.4 TE_{00}^{ein}-TM_{00}^{aus}-Mode-Referenzwellenleiter

Die Messung an den TE_{00}^{ein}-TM_{00}^{aus}-Mode-Referenzwellenleiter RWL_5 wird mit einer TE_{00}^{ein}-Mode-Eingangleistung von $P_{out}^{Fa} = 4,64\,dBm$ eingeführt und mit den folgenden Messeinstellungen TM_{00}^{aus}-Mode ausgekoppelt:

- der Polarisationswinkel liegt für die TE_{00}^{ein}-Mode bei $-388°$.

- die TE_{00}^{ein}-Mode wird an einem TE_{00}-GK mit einem Faser-Einstellwinkel bezüglich der TE_{00}-GK-Oberflächennormale von $\phi = 14°$ eingekoppelt. Auf der anderen Seite des RWL_5 wird die TM_{00}^{aus}-Mode an einem TM_{00}-GK mit einem Faser-Einstellwinkel bezüglich der TM_{00}-GK-Oberflächennormale von $\phi = 20°$ ausgekoppelt.

- der Wellenlänge-Sweep ist bei dieser Messung für einen einheitlichen Vergleich der Messdaten ebenfalls von $\lambda = 1525 - 1625\,nm$ mit $10\,pm$ Sweep-Schritten

- $\lambda_{Laser} = 1550\,nm$

- $\lambda_{Sensor} = 1585\,nm$

Abbildung 5.6 zeigt aller Messergebnisse unter allen Chips, C_1-C_5, dass die am TE_{00}-GK angeregte TE_{00}^{ein}-Mode bei erreichen des TM_{00}-GK auf der anderen Seite des RWL_5 Messwerte von ca. -35 dB bis -30 dB in einem Wellenlängenbereich $1525\,nm \leq \lambda \leq 1565\,nm$ und für den Wellenlängenbereich $1565\,nm < \lambda \leq 1595\,nm$ erreichen die Messwerte knapp bei -33 dB bevor sie wieder innerhalb $1595\,nm < \lambda \leq 1625\,nm$ auf Werte kleiner als -35 dB fallen. Werden diese Werte mit den aus Tabelle 5.1(a), in der die die schlechteste gemessene Werte am RWL_1 mit 2 TE_{00}-GK auf jeder Seite bei ca. -9,9197 dB liegt, verglichen bzw. werden diese Werte mit den approximierten Werten der Gitterkoppler-Verluste aus der linearen Regression, siehe die Gleichung 5, verglichen, dann kann festgestellt werden, dass das Auskoppeln der TE_{00}^{ein}-Mode mit einem TM_{00}-GK zur Unterdrückung der TE_{00}^{ein}-Mode über den gesamten gesweepten Wellenlängenbereich von mindestens ca. -25 dB führt.

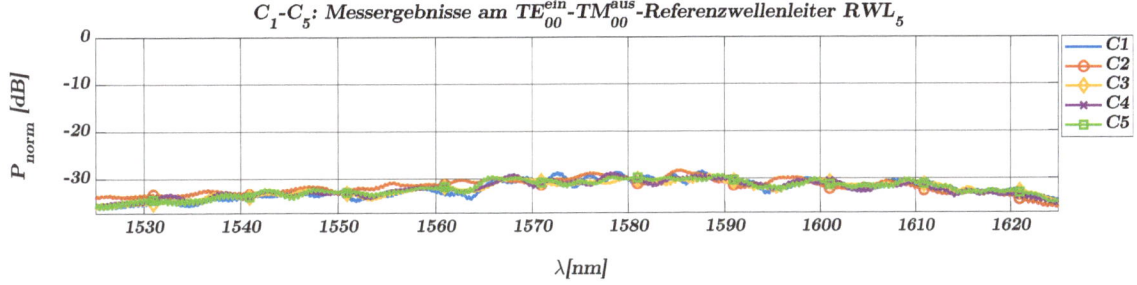

Abbildung 5.6: C_1-C_5:Referenzwellenleiter RWL_5 mit einem TE_{00}-GK auf einer Seite, einem TM_{00}-GK auf der andren Seite und einer RWL_5-Länge: $L_1^R = 1,70\,mm$, $W_1 = 500\,nm$ & $HSi = 220\,nm$

Es ist hierbei auszuschließen, dass diese Verluste aus den Referenzwellenleiter-Verlusten entstanden sind. Da der RWL_5, die gleiche Länge: L_1^R, die gleiche Breite: $W_1 = 500\ nm$ und die gleiche Silizium-Dicke $HSi = 220\ nm$ wie RWL_1 und RWL_3 hat da die Referenzwellenleiter-Verluste bei RWL_1 und RWL_3 bei ca. -1 dB/cm liegen, siehe Gleichung 5 und 6.

Es ist anzunehmen, dass der Unterschied der Gitterperioden zwischen dem TE_{00}-GK an dem die TE_{00}^{ein}-Mode eingeführt und dem TM_{00}-GK an dem versucht wird die TE_{00}^{aus}-Mode zumessen, zur Zerstreuung der TE_{00}^{ein}-Mode an den Gitter-Gruben und Stegen führt, so dass bei einer gemessenen normierten Leistung von -33 dB weniger als ein tausendstel der eingeführten TE_{00}^{ein}-Mode übrig bleibt. Es ist zu vermuten, dass wenn eine TM_{00}^{ein}-Mode an einem TM_{00}-GK eingeführt wird um auf der anderen Seite der optischen Struktur mit einem TE_{00}-GK auszukoppeln eine ähnliche Unterdrückung der TM_{00}^{ein}-Mode geschehen wird.

Es besteht die Annahme, dass das Verhalten der Polarisationsselektivität der Gitterkoppler kann genutzt werden um unerwünscht TM_{00}^{ein}-Mode-Anteile zu unterdrücken. Es könnte an einem (Wire-Taper-Moden-Konverter) bzw. einem (Rippen-Taper-Moden-Konverter) mit ähnlichen Gitter-Gruben und Stegen von TE_{00}-GK vor dem adiabatischen direktionalen Koppler über kürzere Länge versucht werden, die nicht in TE_{10}^{aus}- konvertierten TM_{00}^{ein}-Mode, aufgrund möglicher Herstellungsfehlern, zu unterdrücken. Bei einer TE_{00}^{ein}-TE_{00}^{aus}-Mode-Messung müssten die dadurch entstandenen Verluste berücksichtigt werden.

Aus den in Abbildung 5.6 dargestellten Messergebnisse lässt sich keine GF ermitteln, im kommenden Unterkapitel wird eine Möglichkeit eingeführt, mit der die GF von einem TM_{00}-GK auf der Seite, auf der eine TM_{00}^{ein}-Mode angeregt wird und von einem TE_{00}-GK auf der anderen Seite, auf der eine TE_{00}^{aus}-Mode ausgekoppelt wird.

5.1.5 TM_{00}^{ein}-TE_{00}^{aus}-Mode-nummerischer Referenzwellenleiter

Die Messergebnisse aus dem vorherigen Unterkapitel zeigen, dass die Gitterfunktion (GF) eines Referenzwellenleiters mit unterschiedlichen Gitterkoppler(GK) zwischen Ein-und Auskoppeln-Seite nicht möglich ist. Da die unterschiedlichen Gitterperioden jedes Gitterkopplers dazu führen, dass die am TM_{00}-Mode-Gitterkoppler angeregte TM_{00}^{ein}-Mode auf der Einkoppeln-Seite auf ca. -33 dB, siehe Abbildung 5.6, beim Erreichen der Auskoppeln-Seite mit einem TM_{00}-Mode-Gitterkoppler und umgekehrt.

An allen Polarisationsteilern Polarisationsteiler werden TM_{00}^{ein}-TE_{00}^{aus}-Mode-Messung durchgeführt, Abbildung 5.1(c), deswegen ist es nützlich zu wissen, welchen Einfluss hat einen TM_{00}-GK auf der Seite auf der eine TM_{00}^{ein}-Mode eingeführt wird, in Kombination mit einem TE_{00}-GK auf der anderen Seite auf der eine TM_{00}^{ein}-Mode abgeführt wird, hat. Dieser Einfluss kann annähernd anhand der TM_{00}^{ein}-TE_{00}^{aus}-Mode-GK nummerisch aus dem TE_{00}^{ein}-TE_{00}^{aus}- und TM_{00}^{ein}-TM_{00}^{aus}-Mode-Gitterkoppler am »Referenzwellenleiter1« ermittelt werden, siehe Abbildung 5.3(a) und Abbildung 5.4(a).

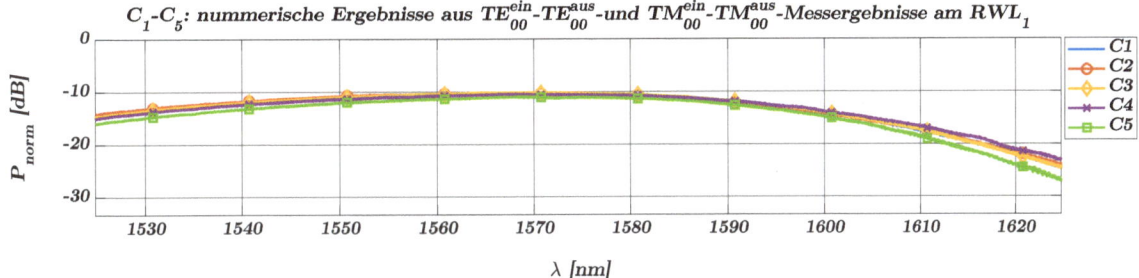

Abbildung 5.7: C_1-C_5:nummerische Ergebnisse aus TE_{00}^{ein}-TE_{00}^{aus}-und TM_{00}^{ein}-TE_{00}^{aus}-Mode-Messergebnisse am RWL_1: $L_1^R = 1,70\,mm$, $W_1 = 500\,nm$ & $HSi = 220\,nm$

Es ist hierbei zu erwähnen, dass die am TM_{00}-Mode-Gitterkoppler angeregten TM_{00}^{aus}, bei ihrer Ausbreitung durch den (Wire-Taper-Moden-Konverter) bzw. den (Rippen-Taper-Moden-Konverter) in TE_{10}^{aus}-Mode und bei der Ausbreitung durch den unteren Arm des adiabatischen direktionalen Kopplers in TE_{00}^{aus}-Mode konvertiert und somit den TE_{00}-GK als TE_{00}^{aus}-Mode erreicht. Am TE_{00}^{ein}-TM_{00}^{aus}-Mode-Referenzwellenleiter findet keine Konversion der TM_{00}^{ein} in TE_{00}^{aus}-Mode statt und aufgrund der unterschiedlichen Gitterperioden TM_{00}-Mode-Gitterkoppler und TE_{00}-GK wird die TM_{00}^{aus}-Mode auf der anderen Seite stark gedämpft, dass aus den TE_{00}^{ein}-TM_{00}^{aus}-Mode-Referenzwellenleiter-Messergebnisse keine TE_{00}^{ein}-TM_{00}^{aus}-Mode-Gitterfunktion bzw. TM_{00}^{ein}-TE_{00}^{aus}-Mode-Gitterfunktion gewonnen werden können, siehe Abbildung 5.6.

Eine TE_{00}^{ein}-TM_{00}^{aus}-Mode-GF kann nummerisch ermittelt werden, dafür werden die TE_{00}^{ein}-TE_{00}^{aus}- bzw. die TM_{00}^{ein}-TM_{00}^{aus}-Mode-Messergebnisse jeweils durch 2 geteilt um den Einfluss eines TE_{00}-GK bzw. TM_{00}-GK zu errechnen. Dann werden die beiden Hälften per Matrizen-Addition zusammen addiert. Das nummerische Ergebnis spiegelt annähernd die Gitterfunktion eines Referenzwellenleiters mit der gleichen Abmessung wie der vom »Referenzwellenleiter1« mit unterschiedlichen Gitterperioden auf jeder Seite werden.
Diese Vorgehensweisen wurden an allen TE_{00}^{ein}-TE_{00}^{aus}- bzw. die TM_{00}^{ein}-TM_{00}^{aus}-Mode-Messergebnisse am »Referenzwellenleiter1« unter allen Chips, C_1-C_5 durchgeführt. Die dadurch nummerisch entstandenen Gitterfunktionen sind in Abbildung 5.7 dargestellt.

Im Wellenlängenbereich $1550\,nm < \lambda < 1585\,nm$ verlaufen Kurven der normierten Leistung bei ca. 9 dB fast konstant. Die genaueren Messdaten der TE_{00}^{ein}-TE_{00}^{aus}-Mode-GF bei $\lambda = 1550\,nm$ bzw. der TE_{00}^{ein}-TE_{00}^{aus}-Mode-Gitterfunktion bei $\lambda = 1585\,nm$ sind in Tabelle 5.1(a) bzw. 5.2(a) abzulesen. Der fast konstante Kurvenverlauf der normierten Leistung zeigt, dass die unterschiedlichen Gitterperiode des TM_{00}-GK auf der Einkoppeln-Seite und des TE_{00}-GK auf der Auskoppeln-Seite fast keinen Einfluss auf die angeregte TM_{00}^{ein}-Mode und die in TE_{00}^{aus}-Mode konvertierten abgeführten Moden haben. Die 5 dB-Breite, innerhalb der die normierte Leistung von max. ca. 9 auf ca. 14 dB sinkt, liegt im Wellenlängenbereich $1525\,nm \leq \lambda \leq 1600\,nm$. Bei Wellenlänge $\lambda > 1600\,nm$ sinkt die normierte Leistung bis zu ca. -27 dB.

5.1.6 Zusammenfassung: Messung an Referenzwellenleitern

Es wurde die Auswertung der Messergebnisse aller 5 Referenzwellenleiter, unter allen 5 unterschiedlichen Chips C_1 bis C_5, gezeigt: »Referenzwellenleiter1« (RWL_1), »Referenzwellenleiter3« (RWL_3), »Referenzwellenleiter5« (RWL_5), mit der Referenzwellenlänge-Länge L_1^R von ca. 10,70 mm, »Referenzwellenleiter2« und »Referenzwellenleiter4«, mit der Referenzwellenlänge-Länge L_2^R von ca. 11,48 mm. Alle 5 Referenzwellenleiter haben eine konstante Breite W_1 von 500 nm und Silizium-Dicke H_{Si} von 220 nm.

An den beiden Referenzwellenleiter »Referenzwellenleiter1« (RWL_1), »Referenzwellenleiter2« (RWL_2) sind TE_{00}^{ein}-TE_{00}^{aus}-Mode-Messungen durchgeführt werden, deren Auswertungen(siehe Tabelle 5.1) die Wellenleiter-, die Gitterkoppler-Verluste(siehe Gleichung 5) und die Gitterfunktion (GF) der beiden
TE_{00}-GK, jeweils auf »Referenzwellenleiter1« und »Referenzwellenleiter2«, ermitteln, siehe Abbildung 5.3. Da »Referenzwellenleiter1«-Länge, die annähernd der gesamten Polarisationsteiler Polarisationsteiler-Länge entspricht, lässt sich aus dem GF-Kurvenverlauf einschätzen, welchen Einfluss die beiden TE_{00}-GK auf die Performanz der TE_{00}^{ein}-TE_{00}^{aus}-Mode-Messungen am Polarisationsteiler mit TE_{00}-GK auf beiden Seiten haben, siehe Abbildung 5.1(a).

An den beiden »Referenzwellenleiter3« (RWL_3), »Referenzwellenleiter4« (RWL_4) sind transversale-magnetische Grundmode auf der Eingangsseite-TM_{00}^{aus}-Mode-Messungen durchgeführt, deren Auswertungen, siehe Tabelle 5.2, die Wellenleiter-, die Gitterkoppler-Verluste, siehe Gleichung 6 und die Gitterfunktion der beiden TM_{00}-GK ermitteln, siehe Abbildung 5.4, die jeweils auf »Referenzwellenleiter1«, »Referenzwellenleiter2« verbaut sind. Da RWL_3-Länge, die annähernd die gesamte Polarisationsteiler-Länge entspricht, lässt sich aus dem GF-Kurvenverlauf einschätzen, welchen Einfluss der beiden TM_{00}-GK auf die Performanz der TM_{00}^{ein}-TM_{00}^{aus}-Mode-Messungen am Polarisationsteiler mit einem TM_{00}-Mode-Gitterkoppler auf beiden Seiten hat, siehe Abbildung 5.1(b).

Die Auswertung aller Messergebnisse am »Referenzwellenleiter1«, »Referenzwellenleiter2«, »Referenzwellenleiter3« und »Referenzwellenleiter4« bei jeweils einer TE_{00}^{ein}-TE_{00}^{aus}-und TE_{00}^{ein}-TE_{00}^{aus}-Mode-Messungen lassen einen approximierten Wert von $\approx$ -1$\frac{dB}{cm}$ für die Wellenleiterverluste WLV aller Referenzwellenleiter unter allen Chips und einen einen approximierten Wert von $\approx$ -4,5 dB für die Gitterkoppler-Verluste GKV, an einem einzigen Gitterkoppler, aller Referenzwellenleiter unter allen Chips, C_1-C_5.

Die Messergebnisse am »Referenzwellenleiter5« mit einem TE_{00}-GK auf der Einkoppeln-Seite und einem TM_{00}-GK auf der Auskoppeln-Seite zeigen, dass die am
TE_{00}-GK angeregte TE_{00}^{ein}-Mode auf ca. -33 dB beim Erreichen der anderen Referenzwellenleiterseite mit dem TM_{00}-GK gedämpft wird. Dies lässt sich mit der unterschiedlichen Gitterperioden zwischen TM_{00}-Mode-Gitterkoppler und TE_{00}-GK erklären, siehe Abbildung 5.6.

Aus den Messergebnisse am »Referenzwellenleiter5« lassen sich die Einflüsse durch den TM_{00}-Mode-Gitterkoppler und den TE_{00}-GK auf der ein- und ausgekoppelte Moden nicht ermitteln. Aus diesem Grund wird aus TE_{00}^{ein}-TE_{00}^{aus}- am »Referenzwellenleiter1« und aus aus TM_{00}^{ein}-TM_{00}^{aus}-Mode-Messergebnisse am »Referenzwellenleiter3« ein Referenzwellenleiter mit dazu gehörigen Gitterfunktion nummerisch ermittelt, mit einem TM_{00}-GK auf der Seite auf der eine TM_{00}^{ein}-Mode angeregt und mit einem TM_{00}-GK auf der anderen Seite, auf der eine TE_{00}^{ein}-Mode abgeführt wird, siehe Abbildung 5.7.

Der Gitterfunktion-Kurvenverlauf lässt abschätzen, welchen Einfluss des TM_{00}-GK auf der Einkoppeln -und des TE_{00}-GK auf der Auskoppeln-Seite, auf die Performanz der TM_{00}^{ein}-TE_{00}^{aus}-Mode-Messungen am Polarisationsteiler mit unterschiedlichem Gitterkoppler auf jeder Seiten hat, siehe Abbildung 5.1(c).

5.2 Messung am (Wire-Taper-Moden-Konverter)-Polarisationsteiler mit und ohne die Gitterfunktion

In diesem Kapitel werden die Wire-Taper-Moden-Konverter(WTMK)-Polarisationsteiler(PS)-Messergebnisse mit und ohne die Gitterfunktion(GF) präsentiert. Die Präsentation dieser Messdaten dient dazu zu zeige, wie die Performanz der angeregten Moden an unterschiedlichen Polarisationsteiler, mit einem (Wire-Taper-Moden-Konverter) mit der Länge L_{mc}, ohne Gitterfunktion wäre, verglichen mit den realen Messergebnissen, bei denen die Moden am Gitterkoppler angeregt werden.

Die am C_2, C_3, C_5 und C_4 im experimentellen Teil erzielten Messergebnisse mit und ohne Gitterfunktion werden je nach ein-bzw. ausgekoppelter Mode dargestellt und in folgenden Punkte gegliedert:

- TE_{00}^{ein}-TE_{00}^{aus}-Mode an einem Polarisationsteiler mit einem (Wire-Taper-Moden-Konverter). Hierfür werden die Messergebnisse mit und ohne Gitterfunktion-Einflüsse gezeigt.

- TM_{00}^{ein}-TE_{00}^{aus}-Mode an einem Polarisationsteiler mit einem mit einem (Wire-Taper-Moden-Konverter) und einem Gap von 250 nm. Bei allen TM_{00}^{ein}-TE_{00}^{aus}-Mode wird die Gitterfunktion aus den Messergebnisse nicht abgezogen. Da die TM_{00}^{ein}-TE_{00}^{aus}-Mode-Gitterfunktion nummerisch ermittelt nicht gemessen wird. Sie wird dafür verwendet, den Wellenlängenbereich einzuschätzen, in dem fast nur die Gitterkoppler-Verluste vorhanden sind und in dem die Gitterfunktion fast konstant über die Wellenlängen verläuft.

- $TM_{00}^{aus}(||)$-$TE_{00}^{aus}(X)$-Mode an an einem Polarisationsteiler mit einem mit einem (Wire-Taper-Moden-Konverter) und einem Gap von 250 nm. Hierbei wird festgestellt, wie effizient der Polarisationsteiler arbeitet anhand der nicht konvertierten $TM_{00}^{aus}(||)$-Mode und wie der Wechselwirkung mit der $TE_{00}^{aus}(X)$-Mode ist.

- TM_{00}^{ein}-TE_{00}^{aus}-Mode am einem Polarisationsteiler mit einem mit einem (Wire-Taper-Moden-Konverter) und einem Gap von 200 nm. Hierfür wird u.a. den Einfluss des Gap auf die Polarisationsteiler-Performanz analysiert.

- $TM_{00}^{aus}(||)$-$TE_{00}^{aus}(X)$-Mode am am einem Polarisationsteiler mit einem mit einem (Wire-Taper-Moden-Konverter) und einem Gap von 200 nm.

5.2.1 TE_{00}^{ein}-TE_{00}^{aus}-Mode am (Wire-Taper-Moden-Konverter)-Polarisationsteiler mit und ohne die Gitterfunktion

Hierfür werden die Messergebnisse erzielt, indem die TE_{00}^{ein}-Mode am Wire-Taper-Moden-Konverter(WTMK) eingeführt und am oberen und unteren Arm des adiabatischen direktionalen Kopplers die TE_{00}^{aus} ausgekoppelt wird. Anhand dieser Messdaten wird die TE_{00}^{ein}-TE_{00}^{aus}-Mode-Performanz des Polarisationsteilers »PS8« ohne und mit den Einwirkungen des Gitterkoppler und der daraus resultierenden Gitterfunktion(GF) gezeigt, siehe Tabelle 3.2. Für die Performanz ohne die Einwirkung vom Gitterkoppler bzw. seine Gitterfunktion werden die Messergebnisse am Polarisationsteiler »PS8« und die Messergebnisse am »Referenzwellenleiter1« am selben Chip auseinander gezogen , siehe Abbildung 5.3(a). Dieses Vorgehen wird für jeden Chip nummerisch mit Matlab durchgeführt. Die ermittelten Messergebnisse ohne Gitterfunktion lassen einschätzen, wie der achte PS sich bei TE_{00}^{ein}-TE_{00}^{aus}-Mode verhalten würde, würde das Licht direkt am (Wire-Taper-Moden-Konverter) des Polarisationsteilers »PS8« eingeführt werden würde.

Abbildung 5.8 zeigt: (a) die Performanz am oberen Arm des adiabatischen direktionalen Kopplers vom achten Polarisationsteilers anhand der TE_{00}^{aus}-Mode-Messwerte bei einer angeregten TE_{00}^{ein}-Mode über den Gitterkoppler am (Wire-Taper-Moden-Konverter).

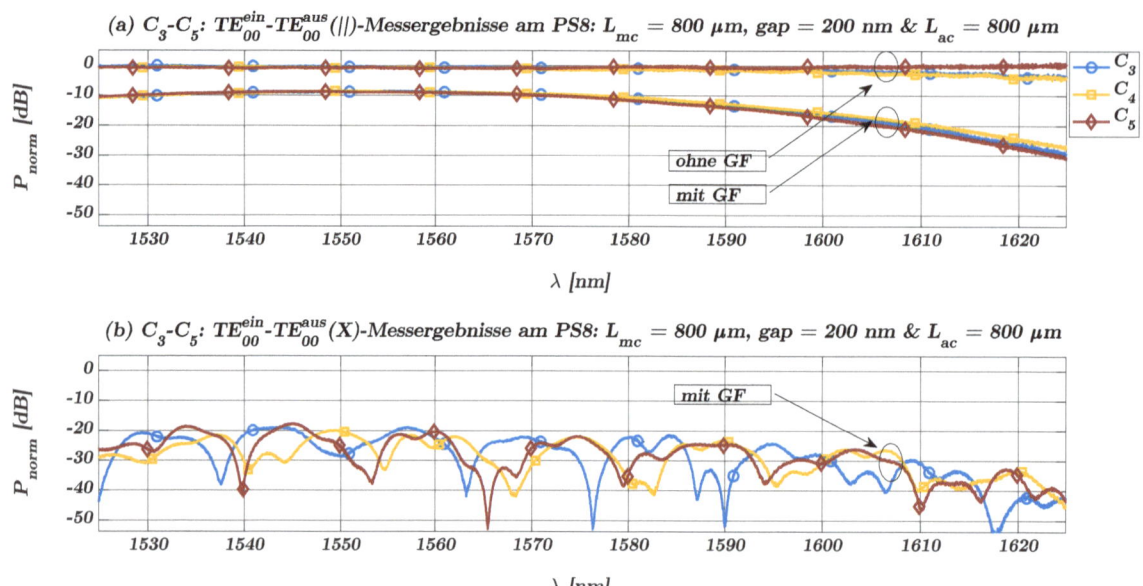

Abbildung 5.8: C_3-C_5, »PS8«: $L_{wc} = 800~\mu m$, Gap $= 200~nm$ $L_{ac} = 800~\mu m$: (a) mit und ohne (b) mit Gitterfunktion

TE_{00}^{ein}-TE_{00}^{aus}-Mode-Messergebnisse am »PS8«					
(a) $TE_{00}^{aus}(||)$ bei $\lambda = 1550~nm$			(b) $TE_{00}^{aus}(X)$ bei $\lambda \approx 1536\text{-}1575~nm$		
$P_{norm}^{mit}[dB]$	$P_{norm}^{ohne}[dB]$	$\Delta P_{ohne}^{mit}[dB]$	FSR[nm]$\approx$	$P_{norm}^{max}[dB]\approx$	$P_{norm}^{min}[dB]\approx$
C_3	-8,6755	-0,3379	-8,3375	12	-19	-42
C_4	-8,4488	-0,6910	-7,7577	11	-20	-40
C_5	-8,7150	-0,6146	-8,1004	13	-18	-50

Tabelle 5.3: C_3-C_5: (a)TE_{00}^{ein}-$TE_{00}^{aus}(||)$-& (b) $TE_{00}^{aus}(X)$-Mode-Messergebnisse am Polarisationsteiler »PS8« zu den in Abbildung 5.8 dargestellten Messkurven.

Die Messungen werden am Polarisationsteiler mit TE_{00}-Mode-Gitterkoppler auf jeder Seite durchgeführt, siehe Abbildung 5.1. Die Messkurven aus den C3-C5 werden als „mit GF"bezeichnet und präsentieren die normierte Leistung an allen drei Chips. Darüber stehen die Messkurven und Messdaten aus den gleichen drei Chips, jedoch mit dem Abzug der Messwerten des »Referenzwellenleiter1«, welche als „ohne GF"bezeichnet werden. Der darunter liegenden Plot (b) zeigt die normierte Leistung aus den Chips C3-C5 am unteren Arm des adiabatischen direktionalen Kopplers vom achten Polarisationsteiler ohne Abzug der Messwerten des »Referenzwellenleiter1« und werden ebenfalls mit „mit GF"bezeichnet.
Tabelle 5.3(a) zeigt die Messdaten bei $\lambda = 1550~nm$ zu den in Abbildung 5.8 dargestellten Messerkurven. Es werden die normierten Leistung am oberen Arm des adiabatischen direktionalen Kopplers vom achten Polarisationsteiler gezeigt. Dabei wird es durch die normierte Leistungen mit den Einflüssen der Gitterfunktion: P_{norm}^{mit} und die normierte Leistung ohne die diese Einflüsse: P_{norm}^{ohne} unterschieden. Des weiteren wird ebenfalls die Differenz dieser beiden Leistungen: ΔP_{ohne}^{mit} bei den $TE_{00}^{aus}(||)$-Mode-Messungen am C_3, C_4 und C_5 dargestellt. In

Tabelle 5.3(b) sind der freie Spektralbereich, die maximale und minimale normierte Leistung der TE_{00}^{aus}-Mode-Messkurven in einem Wellenlängenbereich $1525\ nm \leq \lambda \leq 1575$ am unteren Arm des adiabatischen direktionalen Kopplers vom achten Polarisationsteiler ohne Abzug der Messwerte vom »Referenzwellenleiter1« geplotet.

Die „mit GF"- Messkurven verlaufen in einem Wellenlängenbereich bei $1525\ nm \leq \lambda \leq 1575\ nm$, in dem der Gitterkoppler quasi unabhängig der Wellenlänge und fast eine konstante Performanz hat (siehe Unterkapitel TE_{00}^{ein}-TE_{00}^{aus}-Mode-Referenzwellenleiter Seite 17) bei einer normierten Leistung knapp über -10 dB. Für $\lambda \geq 1575\ nm$ wird die normierte Leistung der „mit GF"- Messkurven immer kleiner und misst bei $\lambda = 1625\ nm$ ca. -30 dB. Das bedeutet, dass über den gesamten gesweepten Wellenlängenbereich $1525\ nm \leq \lambda \leq 1625\ nm$ werden von der gesamten am Polarisationsteiler »PS8« über den TE_{00}-GK angeregten TE_{00}^{ein}-Mode zwischen max. Einzehntel und min. Eintausendstel auf der anderen Seite des Polarisationsteilers am oberen Arm des adiabatischen direktionalen Kopplers als TE_{00}^{aus}-Mode übertragen werden.

Die „ohne GF"- Messkurven zeigen einen fast über den gesamten Wellenlängenbereich konstanten verlauf, bei dem die Messwerten knapp unter der 0 dB liegen. Das bedeutet, dass bei direkter Licht-Einführung ohne TE_{00}-GK, die TE_{00}^{ein}-Mode fast konstant und unabhängig von der Wellenlänge mit einer quasi vollständigen Transmission die anderen Seite des Polarisationsteilers als $\text{TE}_{00}^{aus}(||)$-Mode erreichen würde.

In Tabelle 5.3(a) sind die genauen Messwerte zur normierten Leistung mit und ohne Gitterfunktion bei $\lambda = 1550\ nm$ für C_3, C_4 und C_5 aufgelistet. Die Differenz zwischen dem besten und schlechtesten Wert der P_{norm}^{mit} sowie der P_{norm}^{ohne} am C_3 und C_5 ist $\approx 0{,}6\ dB$ und liegt damit im Bereich der maximalen Abweichung von allen gemessenen 5 Chips (siehe Seite 17). Die ΔP_{ohne}^{mit}-Werte spiegeln die Gitterfunktion-Verluste am Polarisationsteiler »PS8« von den Chips C_3-C_5 wieder. Die Differenz zwischen den einzelnen ΔP_{ohne}^{mit}-Werten und den, die in der Gleichung 5 approximierten Gitterkoppler-Verlusten ist $\approx 1{,}2\ dB$. Diese Differenz kann folgenden Gründe haben:

- Messabweichung am selben Chip und von einem Chip zu anderen zwischen den Messvorgängen am »Referenzwellenleiter1« und Polarisationsteiler »PS8«.

- die approximierten GKV sind aus den Messdaten am »Referenzwellenleiter1« ermittelt. Der »Referenzwellenleiter1« hat eine konstanten Form und Breite von 500 nm mit einem TE_{00}-GK auf jeder Seite. Die am TE_{00}-GK des Polarisationsteilers »PS8« angeregten TE_{00}^{ein}- durch auf ihren Weg zur $\text{TE}_{00}^{aus}(||)$-Mode 3 unterschiedlichen Breiten, W_1 von 500 nm, W_2 von 800 nm, W_3 von 600 nm und breitet sich die TE_{00}^{ein}-Mode durch den Polarisationsteiler-Gitterkoppler-Taper zum TE_{00}-GK von einer Breite von 600 nm wieder auf einer Breite von 500 nm aus, siehe Abbildung 4.1. Die Form ändert sich durch die adiabatische Taper-Bauweise der einzelnen Sektionen des Polarisationsteilers »PS8« ständig. Dieser Form-und Breitenunterschied über die gesamte »PS8«-Länge vergleichen mit der konstanten Form und breite vom »Referenzwellenleiter1« kann auch einen Grunde für die Abweichungen von ca. 1 dB beim Abzug der »Referenzwellenleiter1«- aus den Polarisationsteiler »PS8«-Messdaten bei einer TE_{00}^{ein}-TE_{00}^{aus}-Mode-Messung sein.

- Herstellungsabweichungen zwischen den TE_{00}-GK am »Referenzwellenleiter1« und am Polarisationsteiler »PS8« am selben Chip und von einem Chip zu anderen.

In Abbildung 5.8(b) werden die „ohne GF"- Messkurven der TE_{00}^{aus}-Mode am unteren Arm des adiabatischen direktionalen Kopplers vom Polarisationsteiler »Polarisationsteiler8« aus den C_1-C_5 nicht dargestellt um den Plot nicht unübersichtlich zu machen. Der Abzug der Gitterfunktion wird, ähnlich wie beim Abzug der Gitterfunktion aus den $TE_{00}^{aus}(||)$-Mode-Messkurven in Abbildung 5.8(a) funktionieren, indem die Messkurven der $TE_{00}^{aus}(X)$-Mode so nach oben verschoben werden, dass die normierten Leistung der gemessenen $TE_{00}^{aus}(X)$-Mode ohne Einfluss der TE_{00}-GK bei ca. -9 dB über dem gesamten Wellenlängenbereich 1525 $nm \leq \lambda \leq$ 1625 nm liegt.

Die „ohne GF"-$TE_{00}^{aus}(X)$-Mode-Messkurven zeigen, dass im Wellenlängenbereich 1525 $nm \leq \lambda \leq$ 1575 nm Messwerte der normierten Leistung um die -20 dB liegen.
Es wird angenommen, dass die $TE_{00}^{aus}(X)$-Mode-Messkurven durch von $TE_{00}^{aus}(||)$-Mode angeregte Moden höher Ordnung im geraden Wellenleiter(zum Längenausgleich) entstehen. Die Moden höher Ordnung interferieren im geraden Wellenleiter und erreichen den oberen Arm des adiabatischen direktionalen Kopplers im Interferenz-Verhalten dem Hybridmoden-Punkt. Dies führt beim Überkoppeln, vermutlich von TE_{10}- zur TE_{00}-Mode, am unteren Arm des adiabatischen direktionalen Kopplers zu den $TE_{00}^{aus}(X)$-Mode-Messkurven, siehe 5.8(b) bzw. 5.9(b). Die Moden höhere Ordnung, die nach dem Überkoppeln sind vergleichsweise gering und werden durch den weiteren kleinen Verlängerung-Taper, um die Taper-Endbreite von 600 auf 500 nm am oberen Arm des adiabatischen direktionalen Kopplers zuführen, unterdrückt. Des weiteren haben die Messungen am »Referenzwellenleiter5«, dass höheren Moden mit einem TE_{00}-GK auf ca. -33 dB gedämpft werden. Somit werden am oberen Arm des adiabatischen direktionalen Kopplers höherer $TE_{00}^{aus}(||)$-Transmission und vernachlässigbaren normierter Leistungsschwankungen, siehe Abbildung 5.8.

Der FSR, die maximalen und minimalen Werte der normierten Leistung im Wellenlängenbereich 1525 $nm \leq \lambda \leq$ 1575 nm sind in Tabelle 5.8(b) aufgelistet. Die maximalen und minimalen Werte der normierten Leistung zeigen, in welchem Leistungsschwankungsbereich sich die Mode am unteren Arm des adiabatischen direktionalen Kopplers ausbreitet.

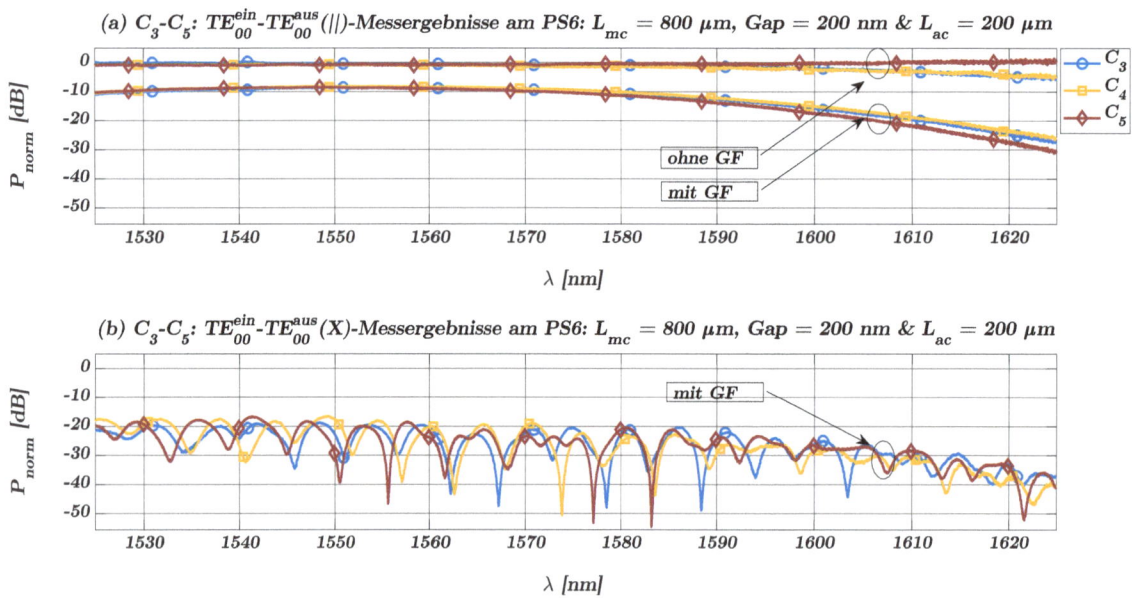

Abbildung 5.9: C_3-C_5: Polarisationsteiler »PS6«: $L_{wc} = 800\ \mu m$, Gap = 200 nm $L_{ac} = 200\ \mu m$: (a) mit und ohne Gitterfunktion (b) mit Gitterfunktion

TE$_{00}^{ein}$-TE$_{00}^{aus}$-Mode-Messergebnisse am »PS6«						
(a) TE$_{00}^{aus}$(||)- bei $\lambda = 1550\ nm$				(b) TE$_{00}^{aus}$(X)-Mode bei $\lambda \approx 1536\text{-}1575\ nm$		
	P$_{norm}^{mit}$[dB]	P$_{norm}^{ohne}$[dB]	ΔP$_{ohne}^{mit}$[dB]	FSR[nm]$\approx$	P$_{norm}^{max}$[dB] $\approx$	P$_{norm}^{min}$[dB] $\approx$
C$_3$	-8,6016	-0,4118	-8,1898	5	-19	-44
C$_4$	-8,3379	-0,8019	-7,5359	6	-16	-50
C$_5$	-8,5958	-0,7338	-7,8620	5	-17	-47

Tabelle 5.4: C$_3$-C$_5$: (a)TE$_{00}^{ein}$-TE$_{00}^{aus}$(\|\|)-& (b) TE$_{00}^{aus}$(X)-Mode-Messergebnisse am Polarisationsteiler »PS6« zu in Abbildung 5.9 dargestellten Messkurven.

Es wird angenommen, dass der freie Spektralbereich durch die adiabatischen direktionalen Koppler-Länge und den geraden Wellenleiter beeinflusst werden können. Der gerade Wellenleiter dient als Längenausgleich bei Veränderung der Moden-Konverter- und adiabatischen direktionalen Kopplers-Länge, um die gleiche Gesamtlänge für Strukturen zu realisieren, dies erleichtert die Messvorgänge. Um die Annahme zu belegen, werden die Messergebnisse des Polarisationsteilers »PS6« dargestellt, siehe 5.9. Die adiabatischer direktionaler Koppler-Länge unterscheiden sich zwischen dem Polarisationsteiler »PS6« und »PS8« um 600 μm, siehe Tabelle 3.2. Dadurch, dass Der FSR-Differenz($\Delta\nu_{FSR}$) ist anti proportional zur Längendifferenz(ΔL) ist: $\Delta\nu_{FSR} \sim \frac{1}{\Delta L}$ belegen die Messergebnisse aus Tabelle 5.3 und 5.4. Der $\Delta\nu_{FSR}$ ist um die Hälfe kleiner vom Polarisationsteiler »PS6« als der vom »PS8«.

Der dB-Bereich, in den die minimalen und maximalen Leistungswerten schwanken vergrößert sich ebenfalls, siehe Tabelle 5.4. Die Plots und die dazu gehörigen aufgelisteten Messdaten zeigen, dass der adiabatische direktionaler Koppler einen zwar geringen aber vorhandenen Einfluss hat. Bei der Dimensionierung und dem Entwurf vom adiabatischen direktionalen Koppler-Länge und Gap muss nicht nur die TM$_{00}^{ein}$-TE$_{00}^{aus}$- sondern auch die TE$_{00}^{ein}$-TE$_{00}^{aus}$-Mode-Performanz mit berücksichtigt werden.

5.2.2 TM$_{00}^{ein}$-TE$_{00}^{aus}$-Mode am (Wire-Taper-Moden-Konverter)-Polarisationsteiler mit Gitterfunktion & (Gap=250 nm)

Die Messung wird am Polarisationsteiler »PS3« und »PS5« , mit einem Gap von 250 nm, mit jeweils einem TM$_{00}$-GK auf der Seite, auf der die TM$_{00}^{ein}$-Mode eingekoppelt wird und mit einem TE$_{00}$-GK jeweils am oberen und unteren Arm des adiabatischen direktionalen Kopplers auf der Polarisationsteiler-Seite, auf der die TE$_{00}^{aus}$-Mode ausgekoppelt wird, siehe Abbildung 5.1(c).
Die Aufgabe des Polarisationsteilers hierbei ist es, die eingekoppelte TM$_{00}^{ein}$-Mode bei ihrer Ausbreitung durch den (Wire-Taper-Moden-Konverter) in TE$_{10}^{aus}$-Mode zu konvertieren und die TE$_{10}^{aus}$- am unteren des adiabatischen direktionalen Kopplers gekoppelt werden soll und bei ihrer Ausbreitung in TE$_{00}^{aus}$-Mode konvertiert werden soll. Die Konversion der TM$_{00}^{ein}$-Mode soll über die gesamte Länge des Polarisationsteiler mit geringen Verlusten und Schwankungen stattfinden.
Die Auswahl der beiden Polarisationsteiler liegt darin begründet, den Einfluss der (Wire-Taper-Moden-Konverter)-Länge, L$_{mc}$ bei gleicher adiabatischen direktionalen Koppler-Länge, L$_{ac}$ und gleichem Gap, auf die TM$_{00}^{ein}$-TE$_{10}^{aus}$-Moden-Konversion und demnach auf die Performanz der TE$_{00}^{aus}$(X)-Mode zu untersuchen.
Abbildung 5.10 zeigt den Kurvenverlauf zu den Messergebnisse, der normierten Leistung als Funktion der Wellenlänge, des Polarisationsteilers (a) »PS3« und (b) »PS5«, jeweils am Chip C$_2$ und C$_5$. Die Plots sind mit „mit GF"markiert und stehen für die Messkurven ohne den

Abzug der Gitterfunktion (GF). $TE_{00}^{aus}(X)$- bzw. $TE_{00}^{aus}(||)$-Mode gibt für die aufgenommen Messdaten am unteren Arm bzw. am oberen Arm des adiabatischen direktionalen Kopplers an.

Beim Abzug der nummerischen TM_{00}^{ein}-TE_{00}^{aus}-Mode-Gitterfunktion, nach den gleichen im vorherigen Unterkapitel beschriebenen Vorgehensweisen, werden die $TE_{00}^{aus}(X)$-Mode-Messkurven so nach oben verschoben, dass alle $TE_{00}^{aus}(X)$-Mode-Maxima knapp unter 0 dB liegen, vergleiche mit dem Kurvenverlauf der in Abbildung 5.7 dargestellten nummerischen TM_{00}^{ein}-TE_{00}^{aus}-Mode-Gitterfunktion.

In Tabelle 5.5 sind der freie Spektralbereich in $[nm]$ und der normierten Leistungsbereich P_{norm}^{max} & P_{norm}^{min} in $[dB]$ aufgelistet, in dem die $TE_{00}^{aus}(X)$- bzw. $TE_{00}^{aus}(||)$-Mode- Messergebnisse für den Wellenlängenbereich 1550 $nm < \lambda <$ 1585 nm, des Polarisationsteilers (a) »PS3« und (b) »PS5«, jeweils am Chip C_2 und C_5 schwanken. Die Auswahl dieses Wellenlängenbereich ist damit zu begründen, dass die nummerisch ermittelte Gitterfunktion eines TM_{00}-GK auf der Ein- und eines TM_{00}-GK auf der Auskoppeln-Seite einen fast konstanten Kurvenverlauf der normierten Leistung in diesem Wellenlängenbereich, siehe Abbildung 5.7.

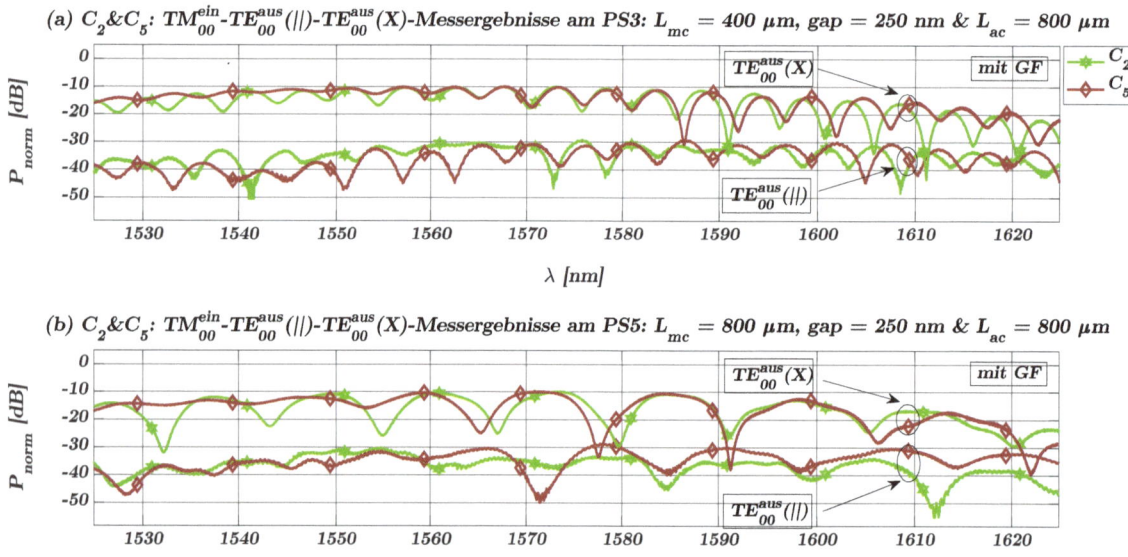

Abbildung 5.10: C_2&C_5: TM_{00}^{ein}-$TE_{00}^{aus}(||)$-$TE_{00}^{aus}(X)$-Mode-Messergebnisse mit Gitterfunktion am: Polarisationsteiler (a)»PS3« und (b) »PS5«

TM_{00}^{ein}-TE_{00}^{aus}-Mode-Messergebnisse am (a)»PS3« & (b)»PS5«					
P_{norm}^{min}, P_{norm}^{max} $[dB]$ & FSR$[nm]$ bei $\lambda \approx$ 1550-1585 nm					
TE_{00}^{aus}	(a)»PS3«-/(b)»PS5«-$TE_{00}^{aus}(X)\approx$		(a)»PS3«-/(b)»PS5«-$TE_{00}^{aus}(		)\approx$	
PS	FSR	P_{norm}^{max}	P_{norm}^{min}	FSR	P_{norm}^{max}	P_{norm}^{min}
C_2	4/8	-10/-10	-19/-30	4/8	-29/-30	-47/-38
C_5	4/8	-10/-10	-18/-30	4/8	-30/-30	-47/-50

Tabelle 5.5: C_2&C_5: TM_{00}^{ein}-$TE_{00}^{aus}(||)$-$TE_{00}^{aus}(X)$-Mode-Messergebnisse bei $\lambda \approx$ 1550-1585 nm am (a)»PS8« zur Abbildung 5.10(a). (b)»PS5« zur Abbildung 5.10(b).

Der Kurvenverlauf der $TE_{00}^{aus}(X)$-Mode-Messergebnisse am C_5 vom Polarisationsteiler »PS3«, siehe Abbildung 5.10(a), bzw. vom Polarisationsteiler »PS5«, siehe Abbildung 5.10(b), zeigt geringere Schwankungen der normierten Leistung von ca. 1,4 dB über den Wellenlängenbereich 1525 $nm < \lambda < 1550\ nm$ als die Schwankungen der Kurvenverläufe der $TE_{00}^{aus}(X)$-Mode-Messergebnisse am C_5 vom Polarisationsteiler »PS3« bzw. vom »PS5« im selben Wellenlängenbereich. Das kann an Messfehlern aber auch an unterschiedlichen Herstellungstoleranzen zwischen C_2 und C_5 liegen.

Diese geringen Schwankungen am C_5 sind über den gesamten Wellenlängenbereich bei einer TM_{00}^{ein}-TE_{00}^{aus}-Mode-Messung mit einem ähnlichen Kurvenverlauf wie der numerisch ermittelten Gitterfunktion zu erwarten, siehe Abbildung 5.5, so dass beim Abzug der Gitterfunktion eine ähnliche über den gesamten Wellenlängenbereich fast konstante Performanz, wie die Performanz der TE_{00}^{aus}-Mode in Abbildung 5.8(a) und 5.9(a), entsteht. Da die geringen Schwankungen der normierten Leistung nur über einen kleinen Wellenlängenbereich und nur an einem Chip stattfindet, und da die TM_{00}^{ein}-TE_{00}^{aus}-Mode-Messergebnisse unter allen Chips (von den hierbei aus übersichtlichen Gründen nur 2 gezeigt sind) die zu erwarteter Performanz nicht wieder spiegeln, lässt es sich vermuten, dass Herstellungs-und oder Designfehler als Ursache zu suchen sind. Deshalb kann u.a. die einkoppelte TM_{00}^{ein}-Mode nicht vollständig in TE_{10}^{aus}-Mode im (Wire-Taper-Moden-Konverter) konvertiert werden und ein Restanteil der nicht in TE_{10}^{aus}-Mode konvertierte TM_{00}^{ein}-Mode am oberen Arm des adiabatischen direktionalen Kopplers sich ausgebreitet werden. Dadurch beeinflusst dieser Restanteil der TM_{00}^{ein}-Mode die am unteren Arm des adiabatischen direktionalen Kopplers sich ausbreitende und aus TE_{10}^{aus}-Mode in die TE_{00}^{aus}-Mode konvertierte Mode und führt zu Leistungsschwankungen über den gesweepten Wellenlängenbereich.

Die $TE_{00}^{aus}(X)$-Mode-Leistungsschwankungen vom Polarisationsteiler lfrqqPS3« liegen bei ca. 10 dB mit einem freien Spektralbereich von ca. 4 nm über den Wellenlängenbereich von 1550 $nm < \lambda < 1585\ nm$. Wird die (Wire-Taper-Moden-Konverter)-Länge L_{mc} verdoppelt, werden am Polarisationsteiler »PS5« und $TE_{00}^{aus}(X)$-Mode- Leistungsschwankungen von ca. 23 dB mit einem freien Spektralbereich von ca. 8 nm gemessen über den selben Wellenlängenbereich, siehe Tabelle 5.5. Eine mögliche Erklärung der gemessenen $TE_{00}^{aus}(X)$ Mode-Leistungsschwankungen vom Polarisationsteiler »PS3« und vom »PS5« ist dass, bei einer (Wire-Taper-Moden-Konverter)-Länge, L_{mc} von 400 μm weniger Anteil der eingeführten TM_{00}^{ein}-Mode in TE_{10}^{aus}-Mode konvertieren werden, so dass wiederum weniger $TE_{00}^{aus}(X)$-Mode entstehen, verglichen mit einer doppelten L_{mc} von 800 μm, in der die Moden-Konversion von TM_{00}^{ein}- in TE_{10}^{aus}-Mode besser gelingt, siehe Abbildung 5.10.

Eine mögliche Erklärung für die unterschiedlichen FSR in den Messungen haben vermutlich ebenfalls mit den unterschiedlichen Längen des Ausgleichswellenleiters zwischen dem (Wire-Taper-Moden-Konverter) und dem adiabatischen direktionalen Koppler zu tun. Das TM_{00}^{ein}- bzw. $TM_{00}^{aus}(||)$-Restlicht nach dem (Wire-Taper-Moden-Konverter) könnte hier durch mögliche Hybridisierung mit TE_{10}^{aus}-Licht interferieren, wobei unterschiedliche Wellenleiterlängen den freien Spektralbereiche verändern würden. Eine Verlängerung des geraden Wellenleiters verringert den freien Spektralbereiche, $\Delta \nu_{FSR} \sim \frac{1}{\Delta L}$.

Die $TE_{00}^{aus}(||)$-Mode-Leistungsschwankungen über den gesamten Wellenlängenbereich sowohl vom Polarisationsteiler »PS3« als auch vom Polarisationsteiler »PS5« beschreiben mit der $TE_{00}^{aus}(X)$-Mode-Leistungsschwankungen ein direktionalen Koppler-Verhalten, in dem bei einer bestimmten Wellenlänge die $TE_{00}^{aus}(||)$-Mode ein Maxima hat, hat $TE_{00}^{aus}(X)$-Mode ein Maxima und umgekehrt.

Die $TE_{00}^{aus}(||)$-Mode-Kurvenverläufe haben, abgesehen von den Leistungsschwankungen, eine Form wie die von den TE_{00}^{ein}-TM_{00}^{aus}-Mode-Messkurvenverläufe am »Referenzwellenleiter5«, siehe Abbildung 5.6, bei den alle gemessene Leistungswerte die ca. -33 dB über den gesamten Wellenlängenbereich nicht überschreiten. Die $TE_{00}^{aus}(||)$-Mode-Messdaten sowohl vom Polarisationsteiler »PS3« als auch vom »PS5« jeweils am C_2 und C_5 sind einen weiteren Beweis dafür, dass das Auskoppeln mit einem TE_{00}-GK einer über TM_{00}-GK eingekoppelten TM_{00}^{ein}-Mode führt zu einer Dämpfung der eingeführten TM_{00}^{ein}-Mode von mit mindestens -33 dB, siehe Abbildung 5.10 $TE_{00}^{aus}(||)$-Mode, und umgekehrt gilt das gleiche Dämpfungsverhalten beim Auskoppeln mit einem TM_{00}-GK einer über TE_{00}-GK eingekoppelten TE_{00}^{ein}-Mode.

Im kommenden Unterkapitel wird die oben erwähnte Annahme belegt, dass nicht die komplette TM_{00}^{ein}- in TE_{10}^{aus}-Mode konvertiert wird, so dass ein TM_{00}^{ein}-Mode-Anteil sich am oberen Arm des adiabatischen direktionalen Kopplers ausbreitet und somit die $TE_{00}^{aus}(X)$-Mode beeinflusst.

5.2.3 $TM_{00}^{ein}(||)$-$TE_{00}^{aus}(X)$-Mode am (Wire-Taper-Moden-Konverter)-Polarisationsteiler mit Gitterfunktion & (Gap=250 nm)

In diesem Unterkapitel werden die, aus den TM_{00}^{ein}-TM_{00}^{aus}-, $TM_{00}^{aus}(||)$-Mode-Messergebnisse am Polarisationsteiler »PS3« und »PS5«, mit einem Gap von 250 nm, durchgeführt sind, mit jeweils TM_{00}-GK auf der Ein-und Auskoppeln-Seite der beiden Polarisationsteiler, gezeigt, siehe Abbildung 5.1(b). Ziel der Präsentation $TM_{00}^{aus}(||)$-Mode-Messergebnisse die Annahme zu belegen, die im vorherigen Unterkapitel getroffen wurde, dass nämlich die TM_{00}^{ein}-Mode nicht vollständig in TE_{10}^{aus}-Mode konvertiert wird.

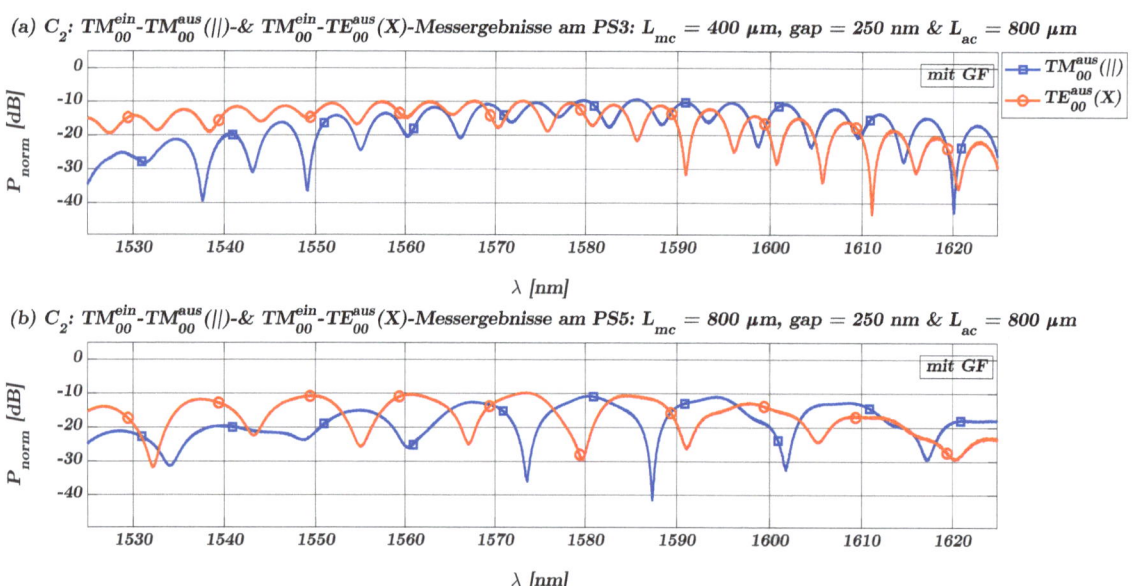

Abbildung 5.11: C_2&C_5: TM_{00}^{ein}-$TM_{00}^{aus}(||)$-und TM_{00}^{ein}-$TE_{00}^{aus}(X)$-Mode-Messergebnisse mit Gitterfunktion am: (a) »PS3« und (b) »PS5«

C_2: TE_{00}^{aus}(X)-und TM_{00}^{aus}(∥)-Mode-Messergebnisse am (a)»PS3« & (b)»PS5«					
TE_{00}^{aus}(X)- bei $\lambda \approx$ 1550-1585 nm			TM_{00}^{aus}(∥)-Mode bei $\lambda \approx$ 1575-1595 nm		
FSR[nm]≈	$P_{norm}^{max}[dB] \approx$	$P_{norm}^{min}[dB] \approx$	FSR[nm]≈	$P_{norm}^{max}[dB] \approx$	$P_{norm}^{min}[dB] \approx$
(a) 4	-10	-19	4	-10	-18
(b) 8	-10	-30	8	-10	-43

Tabelle 5.6: C_2: TM_{00}^{ein}-TM_{00}^{aus}(∥)-und TM_{00}^{ein}-TE_{00}^{aus}(X)-Mode-Messergebnisse mit Gitterfunktion am Polarisationsteiler:
(a) »PS3« und (b) »PS5« zu in Abbildung 5.11 dargestellten Plots

Das direktionale Kopplungsverhalten zwischen den Moden am oberen und am unteren Arm des adiabatischen direktionalen Kopplers wird veranschaulicht, indem die TM_{00}^{ein}-TE_{00}^{aus}(X)-Mode-Messergebnisse aus dem vorherigen Unterkapitel in dem TM_{00}^{aus}(∥)-Mode-Plot dargestellt werden, siehe Abbildung 5.11.

Die Messkurven sind mit der Gitterfunktion dargestellt. Die Gitterfunktion ist mit einem TM_{00}-GK auf der Ein- und Auskoppeln-Seite ist anhand der TM_{00}^{ein}-TM_{00}^{aus}-Mode-Messergebnisse am »Referenzwellenleiter3« mit einer guten Annäherung abzulesen, siehe Abbildung 5.4(a). Beim Abzug dieser TM_{00}^{ein}-TM_{00}^{ein}-Gitterfunktion aus den Messergebnisse TM_{00}^{ein}-TM_{00}^{aus}(∥)-Mode-Messergebnisse der in Abbildung 5.7 dargestellten Plots werden die TM_{00}^{aus}(∥)-Mode-Messkurven so nach oben verschoben, dass alle Maxima über den gesamten Wellenlängenbereich zwischen ca. -10 und 0 dB liegen.

Wie im vorherigen Unterkapitel erwähnt werden, beim Abzug der nummerischen TM_{00}^{ein}-TE_{00}^{aus}-Mode-Gitterfunktion alle TM_{00}^{aus}(∥)-Mode-Maxima knapp unter den 0 dB Wellenlängenbereich verschoben.

Im Wellenlängenbereich 1570 $nm < \lambda <$ 1590 nm sind die Differenzen zwischen den TM_{00}^{aus}(∥)- und den TE_{00}^{aus}(X)-Mode-Maxima, der beiden »Polarisationsteiler3« und »PS5«, ungefähr 0 dB. Die Maxima der beiden Moden sind jedoch so phasenverschoben, dass für eine bestimmte Wellenlänge innerhalb dieses Wellenlängenbereich das Maximum von TM_{00}^{aus}(∥)-Mode und das Minimum der TE_{00}^{aus}(X)-Mode übereinander liegen.

Das lässt vermuten, dass für diese Wellenlängen der WTMK keine vollständige Moden-Konversion TM_{00}^{aus}- in TE_{10}^{aus}-Mode durchführt. Die TM_{00}^{aus}(∥)- und TE_{00}^{aus}(X)-Mode-Messergebnisse belegen die Annahme, dass die nicht konvertierten TM_{00}^{ein}-Mode nach dem WTMK durch den geraden Wellenleiter zur Hybridisierung mit TE_{10}^{aus}-Mode und Interferenz-Verhalten führen, siehe Abbildung 5.11(a). Bei dem oben genannten Wellenlängenbereich trägt das Interfenz-Verhalten zur der erwähnten 0 dB zwischen den TM_{00}^{aus}(∥)- und den TE_{00}^{aus}(X)-Mode-Maxima bei. Das heißt die nicht konvertierten TM_{00}^{ein} sind genau so groß wie die entstandene TE_{10}^{aus}-Mode und interferieren miteinander so, dass bei Überkoppeln der TE_{10}^{aus}-Mode-Maxima zum TE_{00}^{aus}(X)-Mode am unteren Arm breitet sich keine TM_{00}^{aus}(∥)-Mode am oberen Arm des adiabatischen direktionalen Kopplers.

Für bestimmte Wellenlänge zeigt der Polarisationsteiler »PS5« ein TM_{00}^{aus}(∥)-Mode-Minimum bei $\leq$ -35 dB liegt. Beim Polarisationsteiler »PS3« liegen die TM_{00}^{aus}(∥)-Mode-Minimum über -20 dB. Das Verdoppeln der (Wire-Taper-Moden-Konverter)-Länge L_{mc} führt zu besseren Performanz der TM_{00}^{ein}-TE_{10}^{aus}-Moden-Konversion, so dass fast weniger als Eintausendstel der eingeführten TM_{00}^{ein}-Mode nicht konvertiert wird. Im Vergleich zum Restanteil von Einzehntel am Polarisationsteiler »PS3« kann der nicht in TE_{10}^{aus}-Mode konvertierten Restanteil am

Polarisationsteiler »PS3« als null angenommen werden, siehe die $TE_{00}^{ein}(X)$-Mode bei $\lambda = 1575\ nm$ in Abbildung 5.11(b).
Anderseits führt die Hybridisierung zwischen nicht konvertierten TM_{00}^{ein} und TE_{10}^{aus} bei Wellenlängen bei den das Maximum von $TM_{00}^{aus}(||)$-Mode liegt, zu $TE_{00}^{aus}(X)$-Mode-Leistungswerte von bei ca. -30 dB.
Die $TM_{00}^{aus}(||)$- und TE_{10}^{aus}-Mode-Maxima-Werte vom Polarisationsteiler »PS3« und »PS5« sind fast gleich und liegen bei ca. -10 dB. Es ist sehr ungewöhnlich, dass eine Verlängerung der (Wire-Taper-Moden-Konverter)-Länge von ca. 400 μm zu keinen Veränderungen in den Messergebnisse diesbezüglich geführt hat. Eine weitere Annahme lässt sich dadurch machen, dass der obere (adiabatischen)Arm des adiabatischen direktionalen Kopplers die durch den geraden Wellenleiter entstandenen Hybridisierung an der Taper-Breite führt, an der die $TM_{00}^{aus}(||)$- und TE_{10}^{aus}-Moden den gleichen effektiven Index haben. Das führt zur direktionalen Koppler-Verhalten, in dem sich die Minima und Maxima mit betragsmäßig gleichem Leistungspegel zwischen oberen und unteren des Kopplers ausbreiten.

Für den Wellenlängenbereich $\lambda > 1590\ nm$ wird die Differenz zischen den $TM_{00}^{aus}(||)$- und den $TE_{00}^{aus}(X)$-Mode-Maxima größer. Für $\lambda > 1590$ und für $1525\ nm < \lambda < 1570\ nm$ ist beim Polarisationsteiler »PS3« zu sehen, dass mit steigenden Wellenlänge die $TM_{00}^{aus}(||)$- und den $TE_{00}^{aus}(X)$-Mode-Messkurven in Phase verlaufen. Im Wellenlängenbereich $1525\ nm < \lambda < 1570\ nm$ ist ebenfalls zu sehen dass die Maxima-Differenz der $TM_{00}^{aus}(||)$- und der $TE_{00}^{aus}(X)$-Mode-Messkurven sowohl beim Polarisationsteiler »PS3« als auch bei »PS5« über den gesamten Wellenlängenbereich am größten ist. Das heißt, wenn die $TM_{00}^{aus}(||)$-Mode schwach genug sind, können sie am oberen Arm in Phase mit dominierenden $TE_{00}^{aus}(X)$-Mode am unteren Arm des adiabatischen direktionalen Kopplers ausbreiten. Wenn die Monden-Konversion jedoch nicht vollständig stattfindet, kann sich die $TE_{00}^{aus}(X)$-Mode nur dann am unteren Arm des adiabatischen direktionalen Kopplers bei der Wellenlänge ausbreiten, wenn die großen $TM_{00}^{aus}(||)$-Mode-Anteil am oberen Arm des adiabatischen direktionalen Kopplers zu null bzw. sehr klein wird.
Abbildung 5.11 zeigt ebenfalls, dass für eine bessere Performanz der beiden PS bei einer TM_{00}^{ein}-TE_{00}^{aus}-Mode-Anwendung, die Wellenlängenauswahl der eingeführten TM_{00}^{ein}-Mode im Wellenlängenbereich $1525\ nm \leq \lambda \leq 1560\ nm$ liegen soll. Innerhalb dieses Wellenlängenbereiches verlaufen die $TM_{00}^{aus}(||)$- unterhalb den $TE_{00}^{aus}(X)$-Mode-Messkurven. Das bedeute dass es für diese Wellenlängen gelingt die Moden-Konversion am besten und weniger TM_{00}^{ein}-Mode-Restanteil ist vorhanden. Bei $\lambda = 1525\ nm$ ist der Abstand zwischen den beiden Leistungsmesskurven am größten jedoch die normierte Leistung der $TE_{00}^{aus}(X)$-Mode am geringsten. Bei $\lambda = 1560\ nm$ ist die normierte Leistung der $TE_{00}^{aus}(X)$-Mode am größten jedoch der Abstand zwischen den beiden Leistungsmesskurven am kleinsten. Ein guter Kompromiss ist zum Zweck einer TM_{00}^{ein}-TE_{00}^{aus}-Mode-Anwendung der beiden Polarisationsteiler ist, bei der eingeführt TM_{00}^{ein}-Mode eine Wellenlänge von $\lambda = 1550\ nm$ einzustellen.

In Tabelle 5.6 sind der FSR, die maximale P_{norm}^{max} und die minimale P_{norm}^{max} am C_2 gemessene normierte Leistung aus den $TE_{00}^{aus}(X)$- und $TM_{00}^{aus}(||)$-Mode-Messergebnisse vom (a) »PS3« und (b) »PS5« aufgelistet. Die aufgelisteten $TE_{00}^{aus}(X)$-Mode-Messergebnisse sind aus dem Wellenlängenbereich $1550\ nm \leq \lambda \leq 1585\ nm$ entnommen. Innerhalb dieses Wellenlängenbereiches ist die Performanz der numerisch ermittelten TM_{00}^{ein}-TE_{00}^{aus}-Mode-Gitterfunktion über diesen Wellenlängenbereich als fast konstant anzunehmen, siehe Abbildung 5.7. Die aufgelisteten $TM_{00}^{aus}(||)$-Mode-Messergebnisse sind aus den Wellenlängenbereich $1575\ nm \leq \lambda \leq 1590\ nm$ genommen. Innerhalb dieses Wellenlängenbereiches ist die Performanz der gemessenen TM_{00}^{ein}-TM_{00}^{aus}-Mode-Gitterfunktion, mit einem TM_{00}-GK jeweils auf der Ein-und Auskoppeln-

Seite, über diesen Wellenlängenbereich als fast konstant anzunehmen, siehe Abbildung 5.4(a).

Tabelle 5.6 zeigt, dass die $TE_{00}^{aus}(X)$- und $TM_{00}^{aus}(||)$-Mode-FSR bei der gleichen (Wire-Taper-Moden-Konverter)-Länge L_{mc} genauso breit sind und sich bei der doppelten L_{mc} der FSR sowohl bei der $TE_{00}^{aus}(X)$ als auch bei der $TM_{00}^{aus}(||)$-Mode verdoppeln. Die P_{norm}^{max} und P_{norm}^{max} geben die Leistungsschwankungen in den jeweiligen Wellenbereiche an. Bei einer L_{mc} von 400 nm sind die Leistungsschwankungen vergleichsweise gering und liegen bei ca. 10 dB, siehe Tabelle 5.6(a). Dabei sind die nicht in TE_{10}^{aus}- bwz. in TE_{00}^{aus}-Mode konvertierten TM_{00}^{ein}-Mode-Anteile größer als die verglichenen mit den TM_{00}^{ein}-Mode-Anteilen vom Polarisationsteiler »PS5« mit der doppelten L_{mc} von 800 nm. Bei der Länge sind jedoch die Leistungsschwankungen mehr als doppelt so groß, siehe die 5.6(b).

5.2.4 TM_{00}^{ein}-TE_{00}^{aus}-Mode am (Wire-Taper-Moden-Konverter)-Polarisationsteiler mit der Gitterfunktion & (Gap=200 nm)

In diesem Unterkapitel wird anhand Abbildung 5.12 und den dazu gehörigen in Tabelle 5.7 aufgelisteten Messdaten, nur der Einfluss auf die TM_{00}^{ein}-$TE_{00}^{aus}(||)$- und $TE_{00}^{aus}(X)$-Mode-Messergebnisse dargestellt, wenn der Abstand zwischen dem oberen und unteren Arm des adiabatischen direktionalen Kopplers enger wird, indem der Gap von 250 nm auf 200 nm reduziert wird, beim gleich bleibenden anderen Parametern. Dafür werden die Messergebnisse und -kurven jeweils vom Polarisationsteiler »PS4« mit »PS3« und »PS8« mit »PS5« miteinander verglichen. Weitere Informationen zu der TM_{00}^{ein}-TE_{00}^{aus}-Mode-Messung an einem (Wire-Taper-Moden-Konverter)-Polarisationsteiler sind im Unterkapitel 5.2.2 auf Seite 32 behandelt. Deutliche Einflüsse der Abstandsverkleinerung von Gap = 250 nm auf Gap = 200 nm sind bei den $TE_{00}^{aus}(X)$-Mode-Messkurven zu erwarten da die Kopplung von der TE_{10}^{aus}-, bevor sie zur $TE_{00}^{aus}(X)$-Mode wird, geschieht über den Gap zwischen den oberen und unteren Arm des adiabatischen direktionalen Kopplers.

Ein weiterer Grund dafür die TM_{00}^{ein}-TE_{00}^{aus}-Mode-Messergebnisse zu präsentieren, ist sie mit den von den beiden (Rippen-Taper-Moden-Konverter)-Polarisationsteiler, zu vergleichen, weil es den Polarisationsteiler »PS1« und »PS2« auf allen Chip nur mit einem 200 nm- Gap gibt. Somit lassen sich die Polarisationsteiler »PS4« und »PS8« mit »PS1« und »PS2« besser vergleichen und daraus lässt sich der Einfluss der (Rippen-Taper-Moden-Konverter) auf die Moden-Konverter-Länge herleiten.

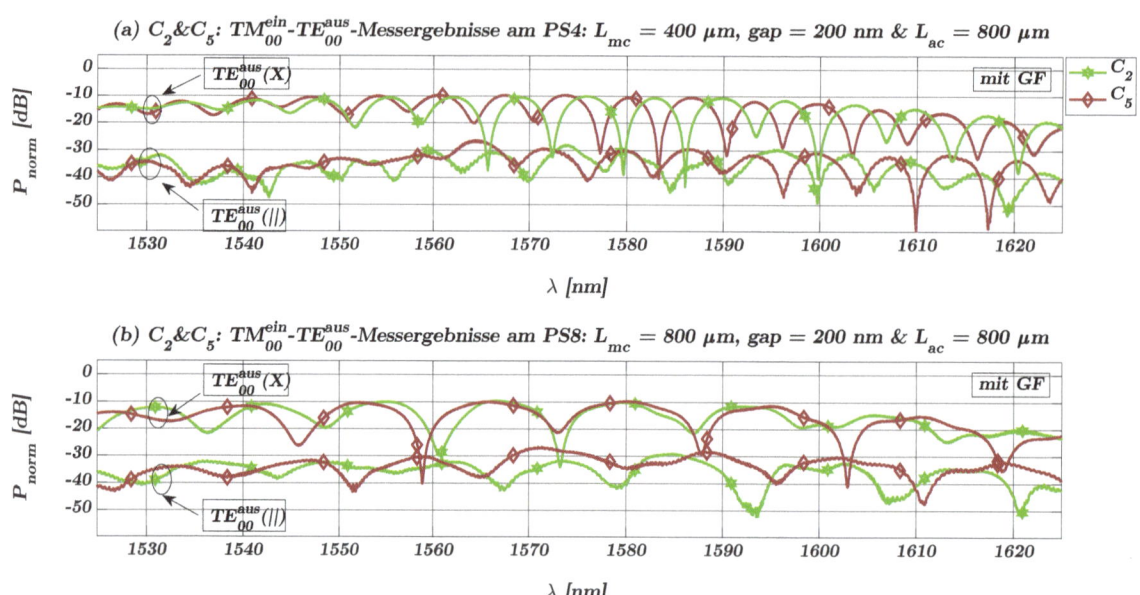

Abbildung 5.12: C_2&C_5: TM_{00}^{ein}-TE_{00}^{aus}(||)-TE_{00}^{aus}(X)-Mode-Messergebnisse mit Gitterfunktion am: Polarisationsteiler (a) »PS4« und (b) »PS8«.

TM_{00}^{ein}-TE_{00}^{aus}-Mode-Messergebnisse am (a)»PS4« & (b)»PS8«					
P_{norm}^{min}, P_{norm}^{max} [dB] & FSR[nm] bei $\lambda \approx$ 1550-1585 nm					
TE_{00}^{aus}	(a)»PS4«-/(b)»PS8«-TE_{00}^{aus}(X)$\approx$			(a)»PS4«-/(b)»PS8«-TE_{00}^{aus}(||)$\approx$	
	FSR	P_{norm}^{max}	P_{norm}^{min}	FSR	P_{norm}^{max}	P_{norm}^{min}
C_2	5/10	-10/-10	-40/-40	5/10	-28/-30	-45/-42
C_5	6/12	-10/-10	-40/-33	6/11	-34/-33	-40/-43

Tabelle 5.7: C_2&C_5: TM_{00}^{ein}-TE_{00}^{aus}(||)-TE_{00}^{aus}(X)-Mode-Messergebnisse bei $\lambda \approx$ 1550-1585 nm am Polarisationsteiler (a)»PS4« zur Abbildung 5.12(a). (b)»PS8« zur Abbildung 5.12(b).

Es werden hierfür zuerst die beiden Polarisationsteiler »PS3« mit »PS4« und dann die zwei weiteren »PS5« mit »PS8« verglichen. Die beiden Polarisationsteiler »PS3« und »PS4« haben die gleiche Silizium-Dicke H_{Si}, die gleiche (Wire-Taper-Moden-Konverter)-Länge L_{mc}, die gleiche adiabatischer direktionaler Koppler-Länge L_{ac} und die gleiche Taper-Breiten jedoch mit unterschiedlichen Abständen, Gap, zwischen den oberen und unteren Arm des adiabatischen direktionalen Kopplers. Das gleich gilt für den beiden Polarisationsteiler »PS5« und »PS8«.

Beim Vergleich der TE_{00}^{aus}(X)-Mode-Messkurven vom Polarisationsteiler »PS4«, siehe Abbildung 5.12(a) mit den vom Polarisationsteiler »PS3«, siehe Abbildung 5.10(a), jeweils am C_2 und C_5, wird festgestellt, dass die TE_{00}^{aus}(X)-Mode-Messkurven vom Polarisationsteiler »PS4« mit einem Gap von 200 nm größere Leistungsschwankungen aufweisen, verglichen mit den TE_{00}^{aus}(X)-Mode-Leistungsschwankungen vom Polarisationsteiler »PS3« mit einem Gap von 250 nm im selben Wellenlängenbereich 1550 nm $< \lambda <$ 1585 nm. (Die vergleichsweise größere TE_{00}^{aus}(X)-Mode-Leistungsschwankungen treten am beiden Chips auf, die TE_{00}^{aus}(X)-Mode-Messergebnisse vom Polarisationsteiler »PS4« gemessen am C_2 schwanken in einem größeren Leistungsbereich als die vom Polarisationsteiler »PS4« gemessen am C_5).

Ebenfalls wird festgestellt, dass beim Vergleichen der TE_{00}^{aus}(X)-Mode-Messkurven vom Po-

larisationsteiler »PS8«, siehe Abbildung 5.12(b) mit denen vom Polarisationsteiler »PS5« 5.10(b), jeweils am C_2 und C_5, dass die $TE_{00}^{aus}(X)$-Mode-Messkurven vom Polarisationsteiler »PS8« mit einem Gap von 200 nm größere Leistungsschwankungen aufweisen, verglichen mit den $TE_{00}^{aus}(X)$-Mode-Leistungsschwankungen vom Polarisationsteiler »PS5« mit einem Gap von 250 nm im selben Wellenlängenbereich 1550 $nm < \lambda <$ 1585 nm.
Des weiteren zeigen die Messkurven vom Polarisationsteiler »PS4« und »PS8« einen Einfluss auf die Performanz der normierten $TE_{00}^{aus}(||)$-Mode-Leistung durch den kleineren Gap verglichen mit der Performanz der normierten $TE_{00}^{aus}(||)$-Mode-Leistung der Messkurven vom Polarisationsteiler »PS3« und »PS5« sowohl am C_2 als auch am C_5.

Die approximierten Werte der gemessenen maximalen und minimalen normierten Leistungen, P_{norm}^{max} und P_{norm}^{min} vom Polarisationsteiler »PS4« sind in Tabelle 5.8(a) und vom Polarisationsteiler »PS3« sind in Tabelle 5.5(a), jeweils für den C_2, den C_5 und den selben Wellenlängenbereich 1550 $nm < \lambda <$ 1585 nm, aufgelistet. Wird es die Differenz zwischen P_{norm}^{max} und P_{norm}^{min} vom Polarisationsteiler »PS4« mit der Differenz zwischen P_{norm}^{max} und P_{norm}^{min} vom Polarisationsteiler »PS3« miteinander verglichen, somit werden approximierten Leistungsschwankungsbereiche wieder gespiegelt und der Einfluss des Gap auf die $TE_{00}^{aus}(X)$-Mode-Leistungsschwankungen nummerisch ausgegeben. Hierbei zeigt die Differenz der oben genannten minimalen und maximalen $TE_{00}^{aus}(X)$-Mode-Leistungswerten vom Polarisationsteiler »PS3« am C_2 einen Wert von ca. 9 dB und am C_5 einen Wert von ca. 8 dB. Das heißt der Abstand zwischen den Minima und Maxima der normierten $TE_{00}^{aus}(X)$-Mode-Leistung von einem Polarisationsteiler mit einer L_{mc} = 400 μm, L_{ac} = 800 μm und eiem Gap = 250 nm liegt in einem Leistungsschwankungsbereich von ca. 8-9 dB, siehe die in Tabelle 5.5(a) aufgelisteten P_{norm}^{max} und P_{norm}^{min}. Wird nur der Gap um ca. 50 nm verkleinert ohne weitere Parameter gezielt zu ändern, kann sich der Leistungsbereich, in dem die normierte $TE_{00}^{aus}(X)$-Mode-Leistung vom Polarisationsteiler »PS4« (Gap = 250 nm) im selben Wellenlängenbereich 1550 $nm < \lambda <$ 1585 nm schwankt, sowohl am C_2 als auch am C_5 verdreifachen(approximierten ermittelt), vergleiche die in Tabelle 5.8(a) aufgelisteten P_{norm}^{max} und P_{norm}^{min}.
In dieser Referenz[23] wird gezeigt, dass die Verkleinerung des Gap zu cincr fast lincaren Steigung des Koppeleffizienzverhältnisses führt. Die steigenden Leistungsschwankungsbereiche zwischen Minima und Maxima geben weitere HInweise auf den schlechten Einfluss der geraden Wellenleiter, der einerseits zum Längenausgleich allen dem Layout vorhandenen Polarisationsteiler führt und die Messvorgänge erreichtet. Anderseits jedoch wird dadurch mit steigendem Koppeleffizienzverhältnis(Gap-Verkleinerung) das Interferenz-Verhalten der nicht konvertierten TM_{00}^{ein}- mit der konvertierten in TE_{00}^{aus}-Moden innerhalb dieses geraden Wellenleiters in der normierten Leistungsschwankung deutlicher.

Anlog lassen sich die Leistungsschwankungsbereiche, in denen die maximalen und minimalen normierten $TE_{00}^{aus}(X)$-Mode-Leistung schwanken, vom Polarisationsteiler »PS8« und »PS5« jeweils am C_2 und C_5 ermitteln. Die beiden Polarisationsteiler PS haben die gleiche L_{mc} und L_{ac} von jeweils 800 nm jedoch mit unterschiedlichen Gaps, ca. 250 nm beim Polarisationsteiler »PS8« und ca. 200 nm beim beim »PS4«. Bei diesen Parametern lässt sich ebenfalls eine Vergrößerung der Leistungsschwankungsbereiche feststellen, wenn der Gap zwischen dem oberen und unteren Arm des adiabatischen direktionalen Kopplers um 50 nm enger wird. Zwischen dem Polarisationsteiler »PS5« und »PS8« jeweils am C_2 und C_5 vergrößert sich der Leistungsschwankungsbereich von ca. 20 dB, siehe Tabelle 5.5(b) auf ca. 30 dB, siehe Tabelle 5.8(b).

Die $TE_{00}^{aus}(||)$-Mode-Messkurve vom Polarisationsteiler »PS5« am C_5 zeigt eine große Leistungsdifferenz von ca. 20 dB in einem kleinen Wellenlängenbereich 1573 $nm < \lambda <$ 1578 nm. Da die Leistungsdifferenz vom Polarisationsteiler »PS5« am C_5 im Wellenlängenbereich 1550 $nm < \lambda <$ 1585, außer der 5 oben genannten Wellenlängen, und die vom gleichen Polarisationsteiler »PS5« am C_2 im selben Wellenlängenbereich bei ca. 8 dB liegt, wird der Einfluss von den Gaps auf die P_{norm}^{max} und P_{norm}^{min} der normierten $TE_{00}^{aus}(||)$-Mode-Leistung wird anhand der Messergebnisse nur am C_2 betrachtet. Es wird angenommen, dass im kleinen Wellenlängenbereich 1573 $nm < \lambda <$ 1578 nm ein Mess-und oder Herstellungsfehler zur großen Leistungsdifferenz von ca. 20 dB führt, deswegen wird dieser Wert vom Polarisationsteiler »PS5« am C_5 im Vergleich der $TE_{00}^{aus}(||)$-Mode-Leistungsschwankungsbereich nicht berücksichtigt.

Der Vergleich, mit der gleichen Vorgehensweise von $TE_{00}^{aus}(X)$-Mode, der P_{norm}^{max} und P_{norm}^{min} der normierten $TE_{00}^{aus}(||)$-Mode-Leistung am C_2 vom Polarisationsteiler »PS4« und »PS8« einerseits, siehe Tabelle 5.8 und vom Polarisationsteiler »PS3« und »PS8«, siehe Tabelle 5.8 anderseits zeigt eine Leistungsschwankungsbereich-Vergrößerung von ca. 8 dB am Polarisationsteiler »PS3« auf ca. 17 dB am »PS4« und von ca. 8 dB am »PS5« auf ca. 12 dB am »PS8«.

Des weiteren zeigt der Messergebisse-Vergleich der beiden Polarisationsteiler »PS4« und »PS8« mit den beiden Polarisationsteiler »PS3« und »PS5«, wie der Gap den freien Spektralbereich ebenfalls beeinflusst. Der »PS4«-freie Spektralbereich um ca. 2 nm größer als der »PS3«-freie Spektralbereich, vergleiche Tabelle 5.5(a) mit der von 5.8(a). Der »PS8«-freie Spektralbereich um ca. 4 nm größer als der »PS8«-freie Spektralbereich, vergleiche Tabelle 5.5(b) mit der von 5.8(b).

Aus den beiden Vergleichen der $TE_{00}^{aus}(X)$-und $TE_{00}^{aus}(||)$-Mode-Leistungsschwankungsbereiche -und freie Spektralbereich lässt sich schließen, dass ein Gap von 200 nm mit einem geraden Wellenleiter vor dem adiabatischen direktionalen Koppler mit der Kombination einer (Wire-Taper-Moden-Konverter)-Länge, in der die TM_{00}^{ein}-TE_{10}^{aus}-Moden-Konversion anscheinend nicht vollständig ausgeführt wird, zu unerwünschten Messergebnisse führt. da dieser enge Abstand zwischen den oberen und unteren Arm des adiabatischen direktionalen Kopplers und der davor verbauten geraden Wellenleiter zur stärkeren Wechselwirkung zwischen den Moden am oberen und die am unteren Arm des adiabatischen direktionalen Kopplers begünstigt, dies führt zu größeren Leistungsschwankungen und geringe freie Spektralbereich-Ausbreitung. Am stärksten treten diese Einflüsse am Polarisationsteiler »PS8« mit einem Gap von 200 nm tritt in Form der Leistungsschwankungen am stärksten auf bei einer (Wire-Taper-Moden-Konverter)-Länge von 400 nm und einen geraden Wellenleiter-Länge von 410 nm auf.

5.2.5 $TM_{00}^{ein}(||)$-$TE_{00}^{aus}(X)$-Mode am (Wire-Taper-Moden-Konverter)-Polarisationsteiler mit Gitterfunktion & (Gap=200 nm)

In diesem Unterkapitel wird anhand Abbildung 5.13 und dazu gehörigen in Tabelle 5.8 aufgelisteten Messdaten, nur den Einfluss auf die TM_{00}^{ein}-$TM_{00}^{aus}(||)$-Mode-Messergebnisse beschrieben, wenn der Abstand zwischen den oberen und unteren Arm des adiabatischen direktionalen Kopplers enger wird, indem der Gap von 250 nm auf 200 nm reduziert wird, beim gleich bleibenden anderen Parameter. Dafür werden die TM_{00}^{ein}-$TM_{00}^{aus}(||)$-Mode-Messdaten jeweils vom »PS4« mit »PS3« und »PS8« mit »PS5« jeweils am C_2 miteinander verglichen. Weitere Informationen zu der TM_{00}^{ein}-$TM_{00}^{aus}(||)$-Mode-Messung an einem Wire-Taper-Moden-Konverter(WTMK)-Polarisationsteiler(PS) aus dem Unterkapitel 5.2.3 ab Seite 35 zu entnehmen.

Des weiteren wird in diesem Unterkapitel auf den Gap-Einfluss auf die TM_{00}^{ein}-$TE_{00}^{aus}(X)$-Mode-Performanz nicht eingegangen, ausführliche Informationen und Vergleiche sind diesbezüglich in dem vorherigen Unterkapitel diskutiert.

Es sind vergleichsweise geringe Einflüsse der Abstandverkleinerung von Gap = 250 nm auf Gap = 200 nm, zwischen dem oberen Arm und unteren Arm des adiabatischen direktionalen Kopplers, zu erwarten, weil bei den TM_{00}^{ein}-TM_{00}^{aus}(||)-Mode-Messkurven zu erwarten da die TM_{00}^{aus}(||)-Mode sich am obere Arm des adiabatischen direktionalen Kopplers ausbreiten.

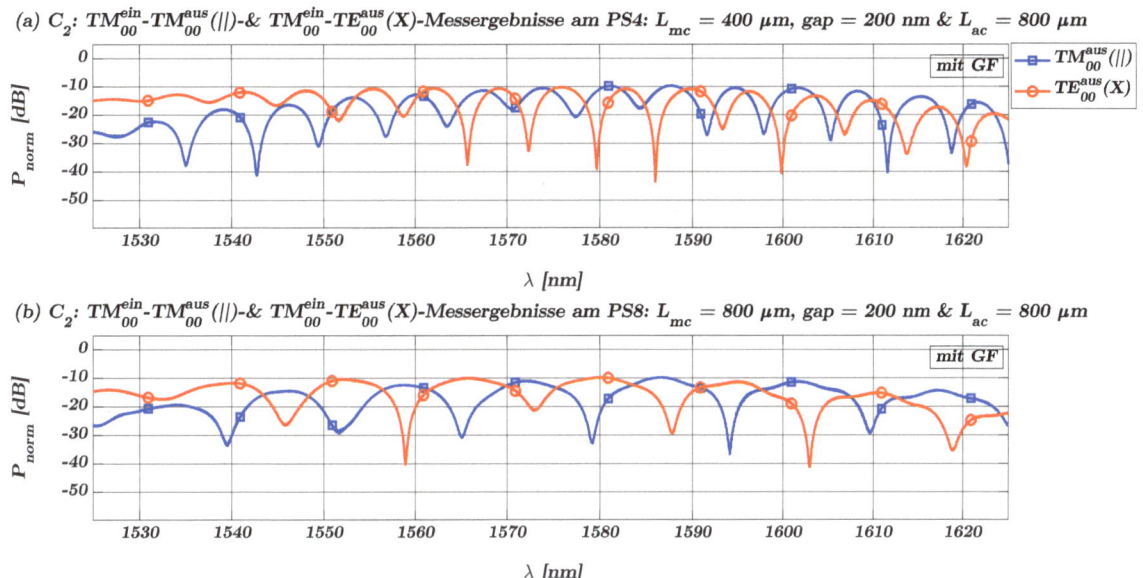

Abbildung 5.13: C_2: TM_{00}^{ein}-TM_{00}^{aus}(||)-und TM_{00}^{ein}-TE_{00}^{aus}(X)-Mode-Messergebnisse mit Gitterfunktion am: (a) Polarisationsteiler »PS4« und (b) »PS8«

C_2: TE_{00}^{aus}(X)-und TM_{00}^{aus}(||)-Mode-Messergebnisse am (a)»PS4« & (b)»PS8«					
TE_{00}^{aus}(X) bei $\lambda \approx$ 1550-1585 nm			TM_{00}^{aus}(||)-Mode bei $\lambda \approx$ 1575-1595 nm		
FSR[nm]$\approx$	$P_{norm}^{max}[dB] \approx$	$P_{norm}^{min}[dB] \approx$	FSR[nm]$\approx$	$P_{norm}^{max}[dB] \approx$	$P_{norm}^{min}[dB] \approx$
(a) 5	-10	-40	4	-10	-28
(b) 10	-10	-40	8	-10	-37

Tabelle 5.8: C_2: TM_{00}^{ein}-TM_{00}^{aus}(||)-und TM_{00}^{ein}-TE_{00}^{aus}(X)-Mode-Messergebnisse mit Gitterfunktion am: (a) Polarisationsteiler »PS4« und (b) »PS8« zu in Abbildung 5.13 dargestellten Plots

Der Gap-Einfluss zeigt sich beim Vergleich der TM_{00}^{ein}-TM_{00}^{aus}(||)-Mode-Messergebnisse einerseits vom »PS3« und »PS5«, siehe Tabelle 5.6, mit den vom vom »PS4« und »PS8« anderseits, siehe Tabelle 5.8.

Die aufgelisteten Messdaten zu den TM_{00}^{aus}(||)-Mode-Messkurven im Wellenlängenbereich 1575 nm < λ < 1595 nm zeigen eine Vergrößerung der Leistungsschwankungsbereich vom »PS4«(Gap = 200 nm) am C_2, verglichen mit dem »PS3«(Gap = 250 nm) am selben Chip, von ca. 10 dB. Dabei werden schrumpfen die Leistungsschwankungen »PS8«(Gap = 200 nm) am C_2, verglichen mit dem »PS5«(Gap = 250 nm) am selben Chip, von ca. 6 dB. Daraus lässt sich schließen, dass Gap auch einen Einfluss auf die am oberen Arm ausgebreiteten TM_{00}^{aus}-Mode Moden.

Aus den TM_{00}^{ein}-TE_{00}^{aus}- und TM_{00}^{ein}-TM_{00}^{aus}(||)-Mode-Messergebnisse hat sich die Annahme befestigt, die aus den »Referenzwellenleiter5«-Messergebnisse gemacht wird, dass das Auskoppeln von einer TE_{00}^{aus}-Mode mit einem TM_{00}-GK führt zur Dämpfung der Moden auf einen normierten Leistungswert von mindestens -33 dB. Dadurch liegen die TM_{00}^{ein}-$TE_{00}^{aus}(||)$-Mode-Messkurven unter -33 dB über den gesamten gesweepten Wellenlängenbereich, während TM_{00}^{ein}-$TM_{00}^{aus}(||)$-Mode-Messerkurven Werte von ca. -10 dB im Wellenlängenbereich 1575 $nm < \lambda < 1595\ nm$ und nur für bestimmte einzeln Wellenlängen über den gesamten Wellenlängenbereich erreichen die Messkurven durch die normierte Leistungsschwankungen Werte kleiner als unter -33 dB. Umgekehrt gilt das gleiche ebenfalls, wenn eine TM_{00}^{aus}-Mode mit einem TE_{00}-GK auskoppelt wird.

5.3 Messergebnisse am Polarisationsteiler (mit Rippen-Taper-Moden-Konverter) mit der Gitterfunktion

In diesem Kapitel werden die Rippen-Taper-Moden-Konverter (RTMK)-Polarisationsteiler(PS)-Messergebnisse mit Gitterfunktion(GF) präsentiert. Die Präsentation dieser Messdaten dient dazu zu zeigen, wie die Performanz der angeregten Moden an beiden »PS1« & »PS2«, siehe Tabelle 3.2, jeweils mit einem (Rippen-Taper-Moden-Konverter) mit der Länge L_{rc} ist.
Die am C_2, C_3, C_4 und C_5 im experimentellen Teil erzielten Messergebnissen mit der GF werden je nach ein-bzw. ausgekoppelte Mode dargestellt und in folgenden Punkten gegliedert:

- TE_{00}^{ein}-TE_{00}^{aus}-Mode am (Rippen-Taper-Moden-Konverter)-Polarisationsteiler mit Gitterfunktion

- TM_{00}^{ein}-TE_{00}^{aus}-Mode am (Rippen-Taper-Moden-Konverter)-PS mit Gitterfunktion

- $TM_{00}^{aus}(||)$-$TE_{00}^{aus}(X)$-Mode am (Rippen-Taper-Moden-Konverter)-Polarisationsteiler mit Gitterfunktion

Der Grund dafür, dass alle Messergebnisse in diesem Kapitel mit Gitterfunktion gezeigt werden, liegt daran, dass die Referenzwellenleiter aus einem Wire Waveguide(WWG) und die (Rippen-Taper-Moden-Konverter) in den beiden »PS1« & »PS2« jeweils aus einem Rippen-Waveguide(RWG) bestehen, siehe Abbildung 3.2. Die Differenz zwischen den am »PS1« & »PS2«- Messergebnisse und den jeweiligen Referenzwellenleiter wird nicht mit einer guten Annäherung die Performanz der beiden Polarisationsteiler ohne Gitterfunktion entsprechen.

5.3.1 TE_{00}^{ein}-TE_{00}^{aus}-Mode-Messergebnisse am (Rippen-Taper-Moden-Konverter)-Polarisationsteiler mit der Gitterfunktion

Hierfür werden die Messergebnisse aufgenommen, indem eine TE_{00}^{ein}-Mode am Rippen-Taper-Moden-Konverter(RTMK) eingeführt und am oberen und unteren Arm des adiabatischen direktionalen Kopplers TE_{00}^{aus}-Mode ausgekoppelt wird. Anhand dieser Messdaten wird die TE_{00}^{ein}-TE_{00}^{aus}-Mode-Performanz des Polarisationsteilers »PS1« und »PS2« mit den Einwirkungen der TE_{00}-GK und daraus resultierender Gitterfunktion auf beiden Seiten des Polarisationsteilers jeweils am Polarisationsteiler »PS1« und »PS2« gezeigt. Die beiden Polarisationsteiler »PS1« und »PS2« weisen die gleichen geometrischen Parameter auf, bis auf die (Rippen-Taper-Moden-Konverter)-Länge, L_{rc}. Beim Polarisationsteiler »PS2« ist L_{rc} viermal größer als die am Polarisationsteiler »PS1«, siehe Tabelle 3.2. Abbildung 5.14 zeigt: die Performanz der normierten Leistung am oberen Arm und unteren Arm des adiabatischen direktionalen Kopplers anhand der $TE_{00}^{aus}(||)$- und $TE_{00}^{aus}(X)$-Mode-Messwerte bei einer angeregten TE_{00}^{ein}-Mode jeweils am Polarisationsteiler »PS1« und »PS2« aufgenommen an drei verschiedenen Chips C_3-C_5.

Die Messungen werden am Polarisationsteiler »PS1« und »PS2« mit einem TE_{00}-GK auf der Ein- und Auskoppeln-Seite jeweils am oberen und unteren Arm des adiabatischen direktionalen Kopplers durchgeführt. (Das entspricht Abbildung 5.1(a) jedoch mit einem (Rippen-Taper-Moden-Konverter) anstatt eines (Wire-Taper-Moden-Konverter)s). Diese Messkurven aus den C3-C5 werden als „mit GF"bezeichnet und präsentieren die normierte Leistung, als Funktion der Wellenlänge, von der $TE_{00}^{aus}(||)$ und der $TE_{00}^{aus}(X)$-Mode mit den Einflüssen der TE_{00}-GK-Gitterfunktion am Polarisationsteiler (a)»PS1« und (b)»PS2«.

Tabelle 5.9 zeigt die P_{norm}^{max} bei $\lambda = 1550\ nm$ am Polarisationsteiler (a)»PS1« und (b)»PS2« zu den in Abbildung 5.14 $TE_{00}^{aus}(||)$-Mode-Messkurven. In Tabelle werden ebenfalls die P_{norm}^{min}, P_{norm}^{max} & der freie Spektralbereich in einem Wellenlängenbereich bei $1536\ nm \leq \lambda \leq 1585\ nm$ am Polarisationsteiler (a)»PS1« und (b)»PS2« zu den in Abbildung 5.14 präsentierten $TE_{00}^{aus}(X)$-Mode-Messkurven. Die Auswahl dieses Wellenlängenbereich dient zum besseren Vergleich der beiden Polarisationsteiler »PS6« und »PS8« mit einem (Wire-Taper-Moden-Konverter), siehe Abbildung 5.8 und 5.9, mit beiden Polarisationsteiler »PS1« und »PS2« mit einem (Rippen-Taper-Moden-Konverter).

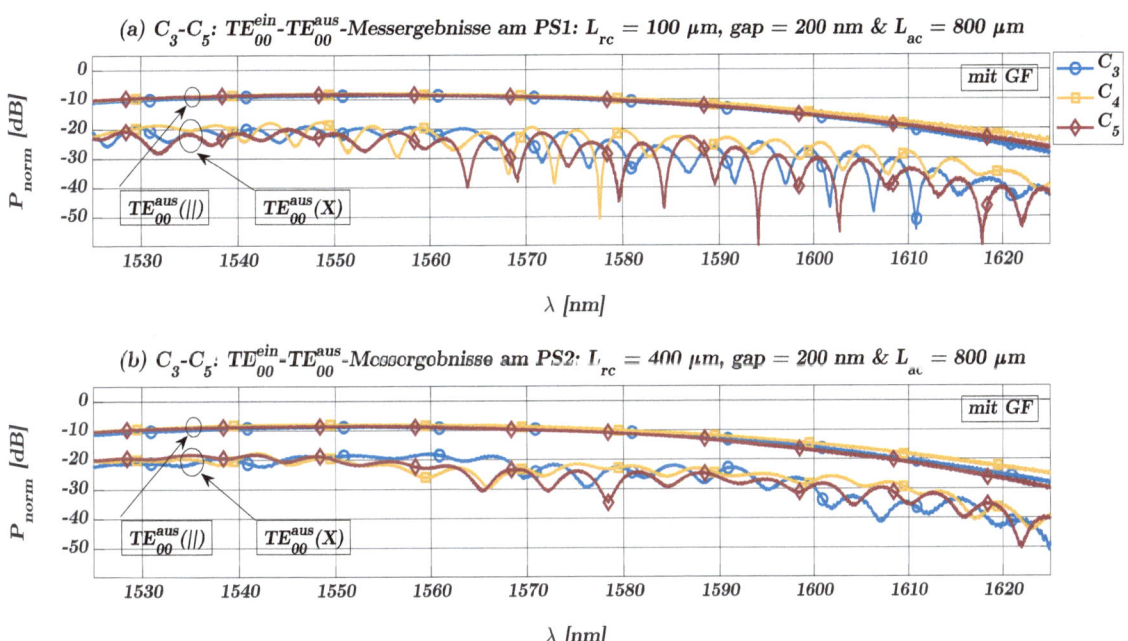

Abbildung 5.14: C_3-C_5: TE_{00}^{ein}-$TE_{00}^{aus}(||)$-und TE_{00}^{ein}-$TE_{00}^{aus}(X)$-Mode-Messergebnisse mit Gitterfunktion am: Polarisationsteiler (a) »PS1« und (b) »PS2«

TE$_{00}^{ein}$-TE$_{00}^{aus}$-Mode-Messergebnisse am (a)»PS1« & (b)»PS2«								
λ	\multicolumn{2}{c}{$\lambda = 1550\ nm$}	\multicolumn{6}{c}{$\lambda \approx 1536\text{-}1575\ nm$}						
TE$_{00}^{aus}$	\multicolumn{2}{c}{TE$_{00}^{aus}$($\|$): P$_{norm}^{mit}$[dB]}	\multicolumn{6}{c}{TE$_{00}^{aus}$(X): P$_{norm}^{min}$, P$_{norm}^{max}$ [dB] & FSR[nm]}						
PS	(a):	(b):	(a):FSR	(b):FSR	(a):P$_{norm}^{max}$	(a):P$_{norm}^{min}$	(b):P$_{norm}^{max}$	(b):P$_{norm}^{min}$
C$_3$	-8.7623	-8.838	4	6	-19	-32	-18	-26
C$_4$	-8.1094	-8.2089	4	6	-18	-39	-20	-30
C$_5$	-8.4124	-8.6063	4	6	-20	-40	-18	-31

Tabelle 5.9: C$_3$-C$_5$: P$_{norm}^{min}$, P$_{norm}^{max}$ & FSR: TE$_{00}^{ein}$-TE$_{00}^{aus}$($\|$)- bei $\lambda \approx 1550\ nm$ & TE$_{00}^{aus}$(X)-Mode- Messergebnisse bei $\lambda \approx 1550\text{-}1585\ nm$ zu Abbildung 5.14.

TE$_{00}^{aus}$($\|$)-Mode-Messergebnisse der normierten Leistung zeigen sowohl am Polarisationsteiler (a)»PS1« und (b) »PS2« im Wellenlängenbereich bei $1525\ nm \leq \lambda \leq 1575\ nm$ einen fast konstanten Messkurvenverlauf und liegen am beiden Polarisationsteiler unter -10 dB. Für alle anderen Wellenlängen $\lambda > 1585\ nm$ wird die TEa($\|$)-Mode-Performanz, an den beiden Polarisationsteiler unter den drei Chips, schlechter und erreicht bei $\lambda = 1625\ nm$ einen normierten Leistungswert von ca. -30 dB, siehe Abbildung 5.14.
TE$_{00}^{aus}$(X)-Mode-Messergebnisse der normierten Leistung zeigen sowohl am Polarisationsteiler (a)»PS1« und (b) »PS2« im Wellenlängenbereich bei $1525\ nm \leq \lambda \leq 1560\ nm$ kleineren Leistungsschwankungen vergleichen mit den Leistungsschwankungen für $\lambda > 1560\ nm$. Die Leistungsschwankungen im Wellenlängenbereich $1525\ nm \leq \lambda \leq 1560\ nm$ liegen beim Polarisationsteiler »PS1« zwischen ca. -18 und -30 dB , siehe Abbildung 5.14(a) und zwischen ca. -19 und -27 dB , siehe Abbildung 5.14(b). Einen weiteren Vergleich zwischen den beiden Abbildungen zeigt, dass die Leistungsschwankungen für den Wellenlängenbereich $\lambda > 1560\ nm$ am Polarisationsteiler »PS1« größer als die am »PS2« sind.

Tabelle 5.9 zeigt die genauen Messwerte zu der maximalen normierten Leitungswert P$_{norm}^{max}$ bei $\lambda = 1550\ nm$, die approximierten Messergebnisse zu der maximalen bzw. minimalen normierten Leitungswert P$_{norm}^{max}$ bzw. P$_{norm}^{min}$ und dem freien Spektralbereich bei $1536\ nm \leq \lambda \leq 1575\ nm$ von den beiden Polarisationsteiler an allen drei gemessenen Chips C$_3$-C$_5$.
Bei $\lambda = 1550\ nm$ werden die TE$_{00}^{aus}$($\|$)-Mode-P$_{norm}^{max}$ vom Polarisationsteiler »PS2« um weniger als 0,2 dB kleiner verglichen mit den vom Polarisationsteiler »PS1«. Die vierfache Länge L$_{rc}$ vom Polarisationsteiler »PS2« verglichen mit der vom Polarisationsteiler »PS1« führt jedoch bei den TE$_{00}^{aus}$(X)-Mode-Messwerten zu Verkleinerung der normierten Leistungsschwankungen bis auf mehr als die Hälfte, vergleiche P$_{norm}^{max}$ bzw. P$_{norm}^{min}$ jeweils vom Polarisationsteilers »PS1« und »PS2« am C$_4$. Dabei vergrößert sich der freie Spektralbereich um ca. Faktor 2 am beiden Polarisationsteiler unter allen Chips.

Beim Vergleich der in der Tabelle 5.3 aufgelisteten Messergebnisse zu den in Abbildung 5.8 Messkurven mit Gitterfunktion, mit den in der Tabelle 5.9 aufgelisteten Messergebnisse zu den in Abbildung 5.14 Messkurven bei einer TE$_{00}^{ein}$-TE$_{00}^{aus}$-Mode-Messung im Wellenlängenbereich $1536\ nm \leq \lambda \leq 1575\ nm$, wird festgestellt, dass die TE$_{00}^{aus}$($\|$)-Mode-P$_{norm}^{max}$-Performanz fast identisch zwischen einem Polarisationsteiler mit einem (Rippen-Taper-Moden-Konverter), mit einer (Rippen-Taper-Moden-Konverter)-Länge (L$_{rc}$ = 100 nm) und einem Polarisationsteiler mit einem (Wire-Taper-Moden-Konverter), mit der achtfachen an dieser Länge (L$_{mc}$ = 800 nm), ist.
Ein weiterer TE$_{00}^{ein}$-TE$_{00}^{aus}$-Mode-Messvergleich zwischen einem (Rippen-Taper-Moden-Konverter)-Polarisationsteiler und einem (Wire-Taper-Moden-Konverter)-Polarisationsteiler zeigt, dass

die Hälfte der (Wire-Taper-Moden-Konverter)-Länge ($L_{mc} = 800\ nm$) reicht für einen (Rippen-Taper-Moden-Konverter)-Polarisationsteiler ($L_{rc} = 400\ nm$) um die normierten Leistungsschwankungen TE_{00}^{aus}-Mode-Messergebnisse über den gesamten Wellenlängenbereich zu halbieren.

5.3.2 TM_{00}^{ein}-TE_{00}^{aus}-Mode-Messergebnisse am (Rippen-Taper-Moden-Konverter)-Polarisationsteiler mit der Gitterfunktion

Hierfür werden die Messergebnisse erzielt, indem eine TM_{00}^{ein}-Mode am Rippen-Taper-Moden-Konverter(RTMK) eingeführt und am oberen und unteren Arm des adiabatischen direktionalen Kopplers TE_{00}^{aus}-Mode ausgekoppelt wird. Anhand dieser Messdaten wird die TM_{00}^{ein}-TE_{00}^{aus}-Mode-Performanz des Polarisationsteilers »PS1« und »PS2« mit den Einwirkungen des TM_{00}-GK auf der Einkoppeln- und des TE_{00}-GK auf der Auskoppeln-Seite (Das entspricht Abbildung 5.1(c) jedoch mit einem (Rippen-Taper-Moden-Konverter) anstatt eines (Wire-Taper-Moden-Konverter)s) mit der daraus resultierenden Gitterfunktion jeweils am Polarisationsteiler »PS1« und »PS2« gezeigt. Abbildung 5.15 zeigt: die Performanz der normierten Leistung mit der Gitterfunktion am oberen Arm und unteren Arm des adiabatischen direktionalen Kopplers anhand der $TE_{00}^{aus}(||)$- und $TE_{00}^{aus}(X)$-Mode-Messwerte bei einer angeregten TE_{00}^{ein}-Mode jeweils am Polarisationsteiler »PS1« und »PS2« aufgenommen an zwei verschiedenen Chips C_2 & C_5.

Die Aufgabe des (Rippen-Taper-Moden-Konverter)-Polarisationsteiler hierbei ist, die eingekoppelte TM_{00}^{ein}-Mode bei ihrer Ausbreitung durch den (Rippen-Taper-Moden-Konverter) in TE_{10}^{aus}-Mode zu konvertieren. Die TE_{10}^{aus}-Mode soll am unteren des adiabatischen direktionalen Kopplers gekoppelt und bei ihrer Ausbreitung in TE_{00}^{aus}-Mode konvertiert werden. Die Konversion der TM_{00}^{ein}-Mode soll über der gesamten Länge des Polarisationsteilers mit geringen Verlusten und Schwankungen stattfinden.
Mit den beiden Polarisationsteiler »PS1« und »PS2« lässt sich den Einfluss der vierfachen (Rippen-Taper-Moden-Konverter)-Länge, L_{mc} bei gleicher adiabatischen direktionalen Koppler-Länge, L_{ac} und gleichem Gap, auf die TM_{00}^{ein}-TE_{10}^{aus}-Moden-Konversion und demnach auf die Performanz der $TE_{00}^{aus}(X)$-Mode untersuchen.

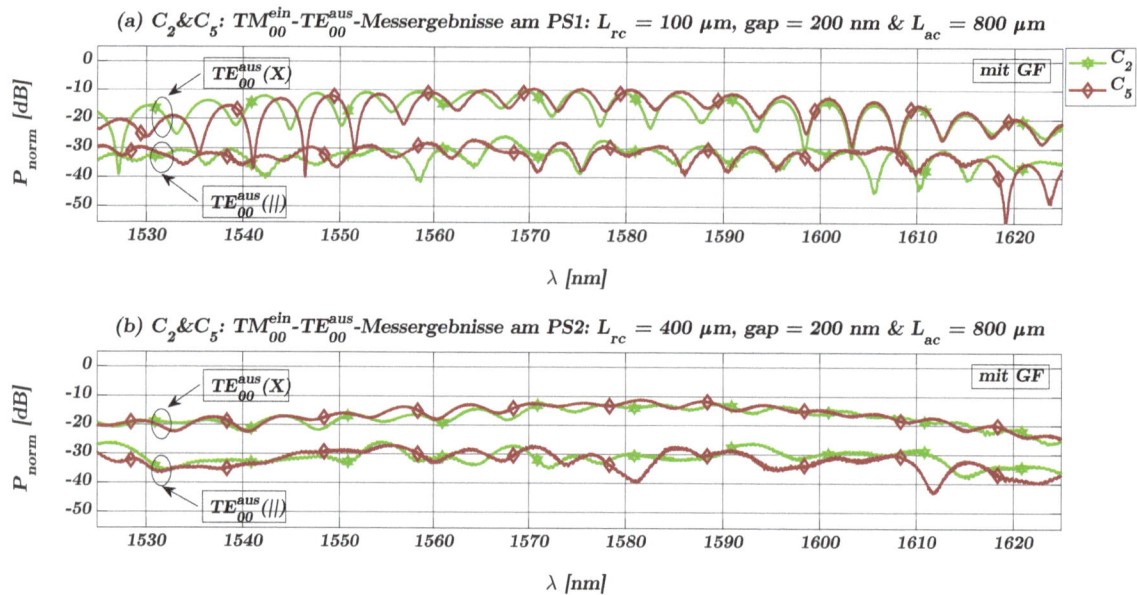

Abbildung 5.15: C_2&C_5: TM_{00}^{ein}-TE_{00}^{aus}($||$)-und TM_{00}^{ein}-TE_{00}^{aus}(X)-Mode-Messergebnisse mit Gitterfunktion am: Polarisationsteiler (a) »PS1« und (b) »PS2«

TM_{00}^{ein}-TE_{00}^{aus}-Mode-Messergebnisse am (a)»PS1« & (b)»PS2«						
P_{norm}^{min}, P_{norm}^{max} [dB] & FSR[nm] bei $\lambda \approx$ 1550-1585 nm						
TE_{00}^{aus}	(a)»PS1«-/(b)»PS2«-TE_{00}^{aus}(X)$\approx$			(a)»PS1«-/(b)»PS2«-TE_{00}^{aus}($||$)$\approx$		
PS	FSR	P_{norm}^{max}	P_{norm}^{min}	FSR	P_{norm}^{max}	P_{norm}^{min}
C_2	4/5	-10/-12	-23/-19	4/5	-25/-25	-42/-35
C_5	4/5	-10/-9	-31/-18	4/5	-24/-24	-39/-40

Tabelle 5.10: C_2&C_5: P_{norm}^{min}, P_{norm}^{max} & FSR: TE_{00}^{ein}-TE_{00}^{aus}($||$)-& TE_{00}^{ein}-TE_{00}^{aus}(X)-Mode-Messergebnisse bei $\lambda \approx$ 1550-1585 nm zu Abbildung 5.15.

Abbildung 5.15 zeigt den Kurvenverlauf zu den Messergebnissen, der normierten Leistung als Funktion der Wellenlänge, des Polarisationsteilers (a) »PS1« und (b) »PS1«, jeweils am Chip C_2 und C_5. Die Plots sind mit „mit GF"markiert und steht für die Messkurven ohne den Abzug der Gitterfunktion GF. TE_{00}^{aus}(X)- bzw. TE_{00}^{aus}($||$)-Mode gibt für die aufgenommen Messdaten am unteren Arm bzw. am oberen Arm des adiabatischen direktionalen Kopplers an.

In Tabelle 5.10 sind der freie Spektralbereich in [nm] und den normierten Leistungsbereich P_{norm}^{max} & P_{norm}^{min} in [dB] aufgelistet, in dem die TE_{00}^{aus}(X)- bzw. TE_{00}^{aus}($||$)-Mode- Messergebnisse für den Wellenlängenbereich 1550 $nm < \lambda <$ 1585 nm, des Polarisationsteilers (a) »PS1« und (b) »PS2«, jeweils am Chip C_2 und C_5 schwanken. Die Auswahl dieses Wellenlängenbereich ist damit zu begründen, um die Messergebnisse mit den von den (Wire-Taper-Moden-Konverter)- Polarisationsteiler »PS3« und »PS5« zu vergleichen, siehe Tabelle 5.7.

Der Kurvenverlauf der TE_{00}^{aus}(X)-Mode-Messergebnisse vom Polarisationsteiler »PS1« am C_5, siehe Abbildung 5.15(a), zeigt große Schwankungen der normierten Leistung im Bereich von ca. 30 dB verglichen mit den Schwankungen der TE_{00}^{aus}(X)-Mode-Messergebnisse vom 1 am C_2 (im Bereich von ca. 20 dB) über den Wellenlängenbereich 1525 $nm < \lambda <$ 1550 nm. Das kann an Messfehler aber auch an unterschiedlichen Herstellungstoleranzen zwischen C_2 und C_5 liegen.

Die TE$_{00}^{aus}$(X)-Mode-Messkurvenverläufe vom Polarisationsteiler »PS1« am C_2 und C_5 sind im Wellenlängenbereich $\lambda > 1555\ nm$ fast in Phase und weisen im innerhalb dieses Wellenlängenbereich für $1550\ nm < \lambda < 1585\ nm$ bessere Performanz mit geringen Leistungsschwankungen auf, verglichen mit den Leistungsschwankungen vom Polarisationsteiler »PS4« mit vierfacher Konverter-Länge, $L_{mc} = 400\ nm$, siehe Abbildung 5.12(a), Tabelle 5.7(a) und vergleiche mit Abbildung 5.15(a) und Tabelle 5.10(a).

Die TE$_{00}^{aus}$(X)-Mode-Messkurvenverläufe vom Polarisationsteiler »PS2« am C_2 und C_5, siehe Abbildung 5.15(b), zeigen sehr geringe Leistungsschwankungen. Teilweise liegen diese Schwankungen vom Polarisationsteiler »PS2« am C_5 im Wellenlängenbereich $1570\ nm < \lambda < 1590\ nm$ von weniger als $2\ dB$. Darüber hinaus überschreiten die TE$_{00}^{aus}$(X)-Mode-Leistungsschwankungen der beiden Polarisationsteiler am beiden Chip nicht die $10\ dB$ und haben somit eine bessere Performanz als den Polarisationsteiler »PS8« mit der doppelter Konverter-Länge, $L_{mc} = 800\ nm$ (die vom Polarisationsteiler »PS2« liegt bei $L_{mc} = 400\ nm$) jedoch mit der doppelter Leistungsschwankungen von ca. $20\ dB$, siehe Abbildung 5.12(b), Tabelle 5.7(b) und vergleiche mit Abbildung 5.15(b) und Tabelle 5.10(b).

Die TE$_{00}^{aus}$(||)-Mode-Messkurvenverläufe vom Polarisationsteiler »PS1« und »PS2« am C_2 und C_5 überschreiten leicht um ca. $-2\ dB$ bei bestimmten Wellenlängen den Wert von ca. $-33\ dB$, der bei den TE$_{00}^{ein}$-TM$_{00}^{aus}$-Mode-Referenzwellenleiter-Messungen am »Referenzwellenleiter5«, mit den unterschiedlichen Gitterkoppler auf auf der Ein-und Auskoppeln-Seite, gemessen wurde. Anderenfalls bleiben die TE$_{00}^{aus}$(||)-Mode-Messkurvenverläufe unter ca. $-33\ dB$. Dabei weißen die TE$_{00}^{aus}$(||)-Mode-Messergebnisse vom Polarisationsteiler »PS1« am C_2 und C_5 mehr Leistungsschwankungen auf als die vom Polarisationsteiler »PS2« der selben Chips, siehe Abbildung 5.15. Werden zwei Polarisationsteiler ein mit einem (Wire-Taper-Moden-Konverter) und ein mit einem (Rippen-Taper-Moden-Konverter) vergleichen, wird ein (Rippen-Taper-Moden-Konverter)-Polarisationsteiler ein Viertel der (Wire-Taper-Moden-Konverter)-Länge um einen Anteil der Leistungsschwankungen einem (Wire-Taper-Moden-Konverter)-Polarisationsteiler, bei gleich bleibender aller anderen Parameter, zu unterdrücken. Für eine Leistungsschwankungen unter $10\ dB$ die Hälfte der der (Wire-Taper-Moden-Konverter)-Länge notwendig.

Der (Rippen-Taper-Moden-Konverter) vom Polarisationsteiler »PS1« und »PS2« hat zwar geringe TE$_{00}^{aus}$(X)-Mode-Leistungsschwankungen als der (Wire-Taper-Moden-Konverter) vom Polarisationsteiler »PS4« und »PS8« jedoch spiegelt die TE$_{00}^{aus}$(X)-Mode-Performanz vom Polarisationsteiler »PS1« und »PS2« nicht die erwartete geringe Schwankung, deswegen lässt es hierbei ebenfalls vermuten, Herstellungs-und oder Designfehler als Ursache zu sein, so dass die einkoppelte TM$_{00}^{ein}$- nicht vollständig in TE$_{10}^{aus}$-Mode im (Wire-Taper-Moden-Konverter) konvertiert wird und ein Restanteil der nicht in TE$_{10}^{aus}$-Mode konvertierte TM$_{00}^{ein}$-Mode am oberen Arm des adiabatischen direktionalen Kopplers sich ausbreitet. Dadurch beeinflusst dieses Restanteil der TM$_{00}^{ein}$-Mode die am unteren Arm des adiabatischen direktionalen Kopplers sich ausbreitete und aus TE$_{10}^{aus}$- in die TE$_{00}^{aus}$-Mode konvertierte Mode und führt zu Leistungsschwankungen über den gesweepten Wellenlängenbereich.

Der kommende Unterkapitel dient dazu, die oben erwähnte Annahme zu belegen, nicht die komplette TM$_{00}^{ein}$- in TE$_{10}^{aus}$-Mode konvertiert wird, so dass TM$_{00}^{ein}$-Mode-Anteil sich am oberen Arm des adiabatischen direktionalen Kopplers ausbreiten und somit die TE$_{00}^{aus}$(X)-Mode beeinflussen.

5.3.3 $TM_{00}^{ein}(||)$-$TE_{00}^{aus}(X)$-Mode-Messergebnisse am (Rippen-Taper-Moden-Konverter)-Polarisationsteiler mit der Gitterfunktion

In diesem Unterkapitel werden die, aus den TM_{00}^{ein}-TM_{00}^{aus}-, $TM_{00}^{aus}(||)$-Mode-Messergebnisse, die am Polarisationsteiler »PS1« und »PS2« vom C_2 durchgeführt sind, mit jeweils TM_{00}-GK auf der Ein-und Auskoppeln-Seite der beiden Polarisationsteiler PS, gezeigt (ähnlich wie in Abbildung 5.1(b) jedoch mit einem (Rippen-Taper-Moden-Konverter) anstatt eines (Wire-Taper-Moden-Konverter)s). Ziel der Präsentation $TM_{00}^{aus}(||)$-Mode-Messergebnisse die Annahme zu belegen, die im vorherigen Unterkapitel getroffen wird, die TM_{00}^{ein}- nicht vollständig in TE_{10}^{aus}-Mode konvertiert zu haben. Das direktionale Kopplungsverhalten zwischen den Moden am oberen den am unteren Arm des adiabatischen direktionalen Kopplers wird veranschaulicht, indem die TM_{00}^{ein}-$TE_{00}^{aus}(X)$-Mode-Messergebnisse aus dem vorherigen Unterkapitel in dem $TM_{00}^{aus}(||)$-Mode-Plot dargestellt werden, siehe Abbildung 5.15.

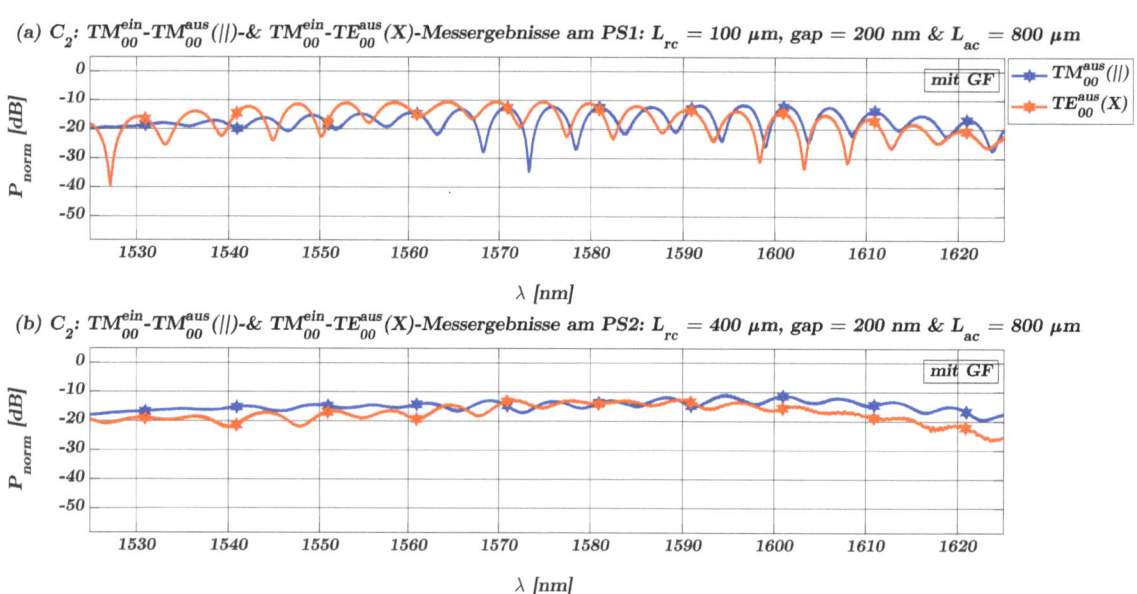

Abbildung 5.16: C_2&C_5: TM_{00}^{ein}-$TM_{00}^{aus}(||)$-und TM_{00}^{ein}-$TE_{00}^{aus}(X)$-Mode-Messergebnisse mit Gitterfunktion am Polarisationsteiler: (a) »PS1« und (b) »PS2«

C_2: $TE_{00}^{aus}(X)$-und $TM_{00}^{aus}(||)$-Mode-Messergebnisse am (a)»PS3« & (b)»PS5«					
$TE_{00}^{aus}(X)$ bei $\lambda \approx$ 1550-1585 nm			$TM_{00}^{aus}(||)$ bei $\lambda \approx$ 1575-1595 nm		
FSR[nm]≈	$P_{norm}^{max}[dB]\approx$	$P_{norm}^{min}[dB]\approx$	FSR[nm]≈	$P_{norm}^{max}[dB]\approx$	$P_{norm}^{min}[dB]\approx$
(a) 4	-10	-22	4	-9	-28
(b) 5	-8	-19	5	-10	-15

Tabelle 5.11: C_2: TM_{00}^{ein}-$TM_{00}^{aus}(||)$-und TM_{00}^{ein}-$TE_{00}^{aus}(X)$-Mode-Messergebnisse mit Gitterfunktion am Polarisationsteiler: (a) »PS1« und (b) »PS2« zu in Abbildung 5.16 dargestellten Plots

Die Messergebnisse zeigen hierbei ebenfalls, dass im Wellenlängenbereich 1570 $nm < \lambda <$ 1590 nm die Differenzen zwischen den $TM_{00}^{aus}(||)$- und den $TE_{00}^{aus}(X)$-Mode-Maxima, der beiden Polarisationsteiler »PS1« und »PS2«, bis ca. -2 dB sind. Die Maxima der beiden Moden sind jedoch so phasenverschoben, dass für eine bestimmte Wellenlänge innerhalb dieses Wellenlängenbereich das Maximum von $TM_{00}^{aus}(||)$-Mode und das Minimum der $TE_{00}^{aus}(X)$-Mode leicht versetzt übereinander liegen.

Das lässt vermuten, dass für diese bestimmte Wellenlängen der (Rippen-Taper-Moden-Konverter) keine vollständige Moden-Konversion TM_{00}^{aus}-Mode in TE_{10}^{aus}-Mode durchführt wird. Die leichte Versetzung der $TM_{00}^{aus}(||)$-Mode Maxima und der $TE_{00}^{aus}(X)$-Mode-Minima lässt hierbei fast die gleiche (bis auf ca. -2 dB) TM_{00}^{ein}-Mode-Maxima-Werte unverändert am oberen Arm des adiabatischen direktionalen Kopplers sich ausbreiten wie die $TE_{00}^{ein}(X)$-Mode-Maxima-Werte, die am unteren Arm ausgekoppelt werden, siehe Abbildung 5.16 im Wellenlängenbereich 1590 $nm < \lambda < $ 1590 nm.

Beim Polarisationsteiler »PS1« vom C_2 im Wellenlängenbereich 1525 $nm < \lambda < $ 1570 nm liegt der $TE_{00}^{aus}(X)$-Mode-Messkurvenverlauf oberhalb dem $TM_{00}^{aus}(||)$-Mode-Messkurvenverlauf. Die beiden Messkurvenverläufe liegen so übereinander, dass die $TE_{00}^{aus}(X)$-Mode-Maxima liegen ein wenig versetzt über den $TE_{00}^{aus}(||)$-Mode-Minima. Dafür ist jedoch $TM_{00}^{aus}(||)$-Messkurvenverlauf im Wellenlängenbereich 1590 $nm < \lambda < $ 1625 nm fast in Phase oberhalb dem $TE_{00}^{aus}(X)$-Mode-Messkurvenverlauf, siehe Abbildung 5.16(a).

Eine vergleichsweise bessere Performanz vom Polarisationsteiler »PS1« ist in einem Wellenlängenbereich 1545 $nm < \lambda < $ 1560 nm, in dem der Abstand zwischen $TE_{00}^{aus}(X)$- und $TM_{00}^{aus}(||)$-Mode am größten ist und der Einfluss von der Gitterfunktion gering ist. Bei den weiteren Wellenlängen verlaufen die $TE_{00}^{aus}(X)$-Maxima und $TM_{00}^{aus}(||)$-Mode-Minima entweder auf der gleichen Höhe, 1570 $nm < \lambda < $ 1590 nm, oder der $TM_{00}^{aus}(||)$- liegt über dem $TE_{00}^{aus}(X)$-Mode-Messkurvenverlauf, 1590 $nm < \lambda < $ 1625 nm. Für diese Wellenlängen funktioniert die TM_{00}^{aus}-TE_{10}^{aus}-TE_{00}^{aus}-Mode-Konversion so wenig, dass vergleichsweise mehr $TM_{00}^{aus}(||)$-Mode-Anteil am oberen Arm des adiabatischen direktionalen Kopplers ausbreiten, als die TM_{00}^{aus}-Mode-Anteil, die im (Wire-Taper-Moden-Konverter) zur TE_{10}^{aus}- konvertierten und dann zur $TE_{00}^{aus}(X)$-Mode auskoppelt werden.

Beim Polarisationsteiler »PS2« vom C_2 liegt der $TM_{00}^{aus}(||)$-Mode-Messkurvenverlauf im fast gesamten Wellenlängenbereich oberhalb dem $TE_{00}^{aus}(X)$-Mode-Messkurvenverlauf, bis auf den Wellenlängenbereich 1570 $nm < \lambda < $ 1590 nm, in dem die $TE_{00}^{aus}(X)$- und die $TM_{00}^{aus}(||)$-Mode-Maxima fast auf der gleichen Höhe verlaufen. Die beiden Messkurvenverläufe liegen so übereinander, dass die $TM_{00}^{aus}(||)$-Mode-Maxima im Wellenlängenbereich 1525 $nm < \lambda < $ 1600 nm fast über den $TE_{00}^{aus}(X)$-Mode-Minima verlaufen. Dafür ist jedoch $TM_{00}^{aus}(||)$-Mode-Messkurvenverlauf im Wellenlängenbereich 1600 $nm < \lambda < $ 1625 nm fast in Phase oberhalb dem $TE_{00}^{aus}(X)$-Mode-Messkurvenverlauf, siehe Abbildung 5.16(b).

Eine vergleichsweise bessere Performanz vom Polarisationsteiler »PS2« ist in einem Wellenlängenbereich 1570 $nm < \lambda < $ 1590 nm, in dem der Abstand zwischen $TE_{00}^{aus}(X)$- und $TM_{00}^{aus}(||)$-Mode zwar am niedrigsten ist jedoch die $TM_{00}^{aus}(||)$- nicht größer als die $TE_{00}^{aus}(X)$-Mode-Anteile sind und in dem Bereich funktioniert die TM_{00}^{aus}-TE_{10}^{aus}-TE_{00}^{aus}-Moden-Konversion, im Vergleich der weiteren Wellenlängenbereiche, effektiver ist, als bei den weiteren Wellenlängen des gesweepten Wellenlängenbereiches, in dem die $TM_{00}^{aus}(||)$- über den $TE_{00}^{aus}(X)$-Mode-Messverläufe liegen und somit die TM_{00}^{aus}-TE_{10}^{aus}-TE_{00}^{aus}-Moden-Konversion nicht gut gelingt.

Der TM_{00}^{ein}-$TM_{00}^{aus}(||)$-Mode-Messkurvenverlauf sowohl vom Polarisationsteiler »PS1« als auch vom »PS2«, siehe Abbildung 5.16, ist besonderes im Wellenlängenbereich 1525 $nm < \lambda < $ 1550 nm flacher als der TM_{00}^{ein}-$TM_{00}^{aus}(||)$-Mode-Messkurvenverlauf sowohl vom Polarisationsteiler »PS4« als auch vom »PS8« im selben Wellenlängenbereich und am selben Chip C_2, siehe Abbildung 5.13. Es lässt sich hierbei vermuten dass die Rippen des (Rippen-Taper-Moden-Konverter)s die Gitterfunktion ein wenig anderes beeinflussen als der (Wire-Taper-Moden-Konverter).

5.3.4 Zusammenfassung: Messung an Polarisationsteilern

Das Ziel bei der Präsentation der verschiedenen Messergebnisse, im gesamten gesweepten Wellenlängenbereich $1525~nm \leq \lambda \leq 1625~nm$, an unterschiedlichen Polarisationsteilern Polarisationsteiler ist, die Performanz dieser Polarisationsteiler bei sowohl bei der angeregten TE_{00}^{ein}- als bei auch der TM_{00}^{aus}-Mode zu zeigen. Aus den erzielten Messergebnisse an den unterschiedlichen Referenzwellenleiter, »Referenzwellenleiter1« (RWL_1) sowie »Referenzwellenleiter3« (RWL_3) und daraus gewonnen TE_{00}-GK- sowie TM_{00}-GK-Gitterfunktionen (GF) wird die Performanz einiger Polarisationsteiler (PS) mit einem (Wire-Taper-Moden-Konverter)(WTMK) und weitere mit einem (Rippen-Taper-Moden-Konverter)(RTMK), anhand der normierten Leistung der Moden am oberen und unteren Arm des adiabatischen direktionalen Kopplers, mit und ohne Gitterfunktion dargestellt und diskutiert. Wichtig hierbei beim Auswerten der Messdaten zu berücksichtigen, dass im realen Layout alle Polarisationsteiler u.a. unterschiedlichen geraden Wellenleiter zwischen dem Wire-Taper-Moden-Konverter(WTMK) und den adiabatischen direktionalen Koppler (ADK) mit der Endbreite des (Wire-Taper-Moden-Konverter)s um alle Polarisationsteiler-Längen auf eine Gesamtlänge von $1630~\mu m$ zu bringen um die Messvorgänge zu erleichtern, siehe Abbildung 5.1.

Die präsentierten Messergebnisse lassen sich in folgenden Punkten zusammenfassen:

- TE_{00}^{ein}-TE_{00}^{aus}-Mode-Messergebnisse am:
    - Polarisationsteiler(PS) mit einem Wire-Taper-Moden-Konverter(WTMK): Dafür sind die Messergebnisse mit und ohne die Gitterfunktion(GF) vom Polarisationsteiler »PS8« und »PS 6«gemessen jeweils an drei verschiedenen Chips, C_3-C_5 dargestellt. Ein Beispiel für den Einfluss der GF sind die normierten Leistung mit der GF, $P_{norm}^{mit} \approx -8.67~dB$ und ohne die GF, $P_{norm}^{ohne} \approx -0.33~dB$ vom Polarisationsteiler »PS 8« am C_3 bei $\lambda = 1550~nm$. Der P_{norm}^{ohne}-Wert wird aus der Differenz der TE_{00}^{ein}-TE_{00}^{aus}-»PS 8« -und der TE_{00}^{ein}-TE_{00}^{aus}-Mode-»Referenzwellenleiter1«-Messkurven errechnet und bleibt über den gesamten gesweepten Wellenlängenbereich fast konstant. Die TE_{00}^{ein}-TE_{00}^{aus}-Mode-Messergebnisse aus zwei Polarisationsteiler mit den gleichen Parameter jedoch mit unterschiedlicher adiabatischen direktionalen Koppler-Länge und demnach mit unterschiedlichen geraden Wellenleiter-Längen zum Längenausgleich, siehe Abbildung 5.1. Aus den Messdaten lässt sich, neben dem Einfluss der GF auf die Performanz der beiden Polarisationsteiler, den L_{ac}-Einfluss auf die $TE_{00}^{ein}(||)$-Mode am oberen und auf die anregten $TE_{00}^{ein}(X)$-Mode am unteren Arm des adiabatischen direktionalen Kopplers bei den oben genannten unterschiedlichen Längen schließen. Bei der Diskussion der TE_{00}^{ein}-TE_{00}^{aus}-Mode-Messergebnisse am Polarisationsteiler »PS4« bzw. »PS8« wird vermutet, dass die $TE_{00}^{aus}(X)$-Mode-Messkurven durch von $TE_{00}^{aus}(||)$-Mode angeregte Moden höher Ordnung im geraden Wellenleiter(zum Längenausgleich aller Polarisationsteiler-Struktur auf eine einheitliche Gesamtlänge von $1630~\mu m$) entstehen. Die Moden höher Ordnung interferieren im geraden Wellenleiter und erreichen den oberen Arm des adiabatischen direktionalen Kopplers im Interferenz-Verhalten dem Hybridmoden-Punkt. Dies führt beim Überkoppeln, vermutlich von TE_{10}- zur TE_{00}-Mode, beim Überkoppeln am unteren Arm des adiabatischen direktionalen Kopplers zu den $TE_{00}^{aus}(X)$-Mode-Messkurven, siehe 5.8(b) bzw. 5.9(b). Die Moden höhere Ordnung, die nach dem Überkoppeln sind vergleichsweise gering und werden durch den weiteren kleinen Verlängerung-Taper, um die Taper-Endbreite von 600 auf $500~nm$ am oberen Arm des adiabatischen direktionalen Kopplers zuführen, unter drückt. Des weiteren haben die Messungen am »Referenzwellenleiter5«,

dass höheren Moden mit einem TE_{00}-GK auf ca. -33 dB gedämpft werden. Somit werden am oberen Arm des adiabatischen direktionalen Kopplers höherer $TE_{00}^{aus}(||)$-Transmission und vernachlässigbaren normierter Leistungsschwankungen.

Eine Referenz der besseren Performanz zeigen die Differenz zwischen P_{norm}^{max} und P_{norm}^{min} und spiegeln dadurch die Leistungsschwankungen in einem bestimmten Wellenlängenbereich. Dabei lässt sich herleiten, dass die Verkleinerung der L_{ac} auf ein Viertel (von Polarisationsteiler »PS8«-L_{ac} = 800 μm auf Polarisationsteiler »PS6«-L_{ac} = 200 μm) und damit verbundene Vergrößerung um ca. 600 μm der geraden Wellenleiter-Länge zwischen dem (Wire-Taper-Moden-Konverter) und dem adiabatischer direktionaler Koppler kann bis zur Verdoppelung der Leistungsschwankungen und Halbierung der freie Spektralbereich($\Delta \nu_{FSR} \sim \frac{1}{\Delta L}$) führen, im Wellenlängenbereich 1536 $nm \leq \lambda \leq$ 1585 nm, siehe Abbildung 5.8 und 5.9 und dazu gehörigen Tabellen 5.3 und 5.4. Die Auswahl dieses Wellenlängenbereiches ist damit zu begründen, dass die TE_{00}-GK-Gitterfunktion, aus dem »Referenzwellenleiter1«, innerhalb dieses Wellenlängenbereiches fast konstant verläuft.

- Polarisationsteiler(Polarisationsteiler) mit einem Rippen-Taper-Moden-Konverter (RTMK): Dafür sind die Messergebnisse mit Gitterfunktion vom Polarisationsteiler »PS1« und »PS2«, gemessen an drei verschiedenen Chips, C_3-C_5, dargestellt. Der Grund für keine vorhandene Messergebnisse ohne die GF ist, dass die beiden Referenzwellenleiter »Referenzwellenleiter1« und »Referenzwellenleiter3« nur aus Wire-Waveguide, während Polarisationsteiler »PS1« und »PS2«teilweise aus Rippen-Wire- und teilweise aus Wire-Waveguide bestehen. Die Differenz der beiden Polarisationsteiler-Messkurven mit den vom Referenzwellenleiter wird die Gitterfunktion nicht mit einer guten Annäherung wieder spiegeln. Die Messergebnisse sind aus zwei Polarisationsteiler mit den gleichen Parameter jedoch mit unterschiedlicher (Rippen-Taper-Moden-Konverter)-, und geraden Wellenleiter-Länge. Daraus lässt sich den Einfluss der L_{rc} auf die Performanz der $TE_{00}^{ein}(||)$-und $TE_{00}^{ein}(X)$-Mode-Messkurven untersuchen, siehe Abbildung 5.14 und dazu gehöriger Tabelle 5.9. Dabei ergibt sich, dass die unterschiedlichen L_{rc} und geraden Wellenleiter-Längen der beiden Polarisationsteiler, vergleichsweise geringen Einfluss(von weniger als ca. 0,2 dB, vergleiche die P_{norm}^{max} bei λ = 1550 nm)auf die $TE_{00}^{ein}(||)$-Mode am oberer Arm des adiabatischen direktionalen Kopplers als auch die $TE_{00}^{ein}(X)$-Mode-Messergebnisse am unteren Arm des adiabatischen direktionalen Kopplers. Die $TE_{00}^{ein}(X)$-Mode-Leistungsschwankungen können im Wellenlängenbereich 1536 $nm \leq \lambda \leq$ 1585 nm, bei vierfachen der (Rippen-Taper-Moden-Konverter)-Länge von Polarisationsteiler »PS1«- Länge = 100 μm auf Polarisationsteiler »PS2«- Länge = 400 μm, von über 20 dB auf weniger als 10 dB reduziert werden. Dabei vergrößert sich der freie Spektralbereich-Bereich von 4 auf 6 $nm(\Delta \nu_{FSR} \sim \frac{1}{\Delta L})$ werden.

Des weiteren werden die Messergebnisse, im selben Wellenlängenbereich, hierbei mit den von (Wire-Taper-Moden-Konverter)-Polarisationsteiler »PS8« verglichen. Dabei ergibt sich ein (Rippen-Taper-Moden-Konverter)-Polarisationsteiler fast die gleiche $TE_{00}^{ein}(||)$-Mode-Performanz eines (Wire-Taper-Moden-Konverter)-Polarisationsteiler jedoch mit einem Achtel der (Wire-Taper-Moden-Konverter)-Länge erreichen kann (vergleiche die Messergebnisse von Polarisationsteiler »PS1«-L_{rc} = 100 μm mit den von Polarisationsteiler »PS8«-L_{mc} = 800 μm aus den genannten Tabellen). Ein weiterer Vergleich der $TE_{00}^{ein}(X)$-Mode- Leistungsschwankungen vom Polarisationsteiler (Rippen-Taper-Moden-Konverter)-»PS2« mit den vom Polarisationsteiler (Wire-Taper-Moden-Konverter)-»PS8« zeigt, dass weniger als die Hälfte an TE_{00}^{ein}(X)-Mode-Leistungsschwankungen sind am (Rippen-Taper-Moden-Konverter)-Polarisationsteiler -»PS2« als am (Rippen-Taper-Moden-Konverter)-Polarisationsteiler -»PS 8« vorhanden. Dafür braucht der (Rippen-Taper-Moden-Konverter) nur die Hälfte der (Wire-Taper-Moden-Konverter)-Länge (vergleiche die Messergebnisse von Polarisationsteiler »PS2« -$L_{rc} = 400~\mu m$ mit den von »PS8«-$L_{mc} = 800~\mu m$ aus den genannten Tabellen). Es lässt sich vermuten, dass durch der unterschiedlichen Länge des geraden Wellenleiter(zum Längenausgleich) zwischen beispielsweise dem Polarisationsteiler »PS8« und »PS1«, die unterschiedlichen Schwankungen der TE_{00}^{aus}(X)-Mode am unteren Arm des adiabatischen direktionalen Kopplers. Es wird bei den beiden Polarisationsteiler jedoch ähnliche gering TE_{00}^{aus}(||)-Mode-Anteil am unteren Arm des adiabatischen direktionalen Kopplers über gekoppelt.

- TM_{00}^{ein}-TE_{00}^{aus}-Mode-Messergebnisse am:
  - (Wire-Taper-Moden-Konverter)-Polarisationsteiler: Dafür sind die Messergebnisse mit der Gitterfunktion vom Polarisationsteiler »PS3«, »PS4«, »PS5« und »PS8« jeweils an zwei verschiedenen Chips, C_2 & C_5 dargestellt, siehe Abbildung 5.10 und 5.12 und dazu gehörigen Tabellen 5.5 und 5.7. Die TM_{00}^{ein}-TE_{00}^{aus}-Mode-Messdaten in Tabellen zu den Polarisationsteiler werden aus dem Wellenlängenbereich 1550 $nm < \lambda < 1585~nm$. Die Auswahl dieses Wellenlängenbereiches ist damit zu begründen, dass die nummerisch ermittelte (TM_{00}-GK-TE_{00}-GK)-Gitterfunktion, aus »Referenzwellenleiter1« und »Referenzwellenleiter3«, innerhalb dieses Wellenlängenbereiches fast konstant verläuft.

Die TM_{00}^{ein}-TE_{00}^{aus}-Mode-Messekurven vom Polarisationsteiler »PS3«, mit der (Wire-Taper-Moden-Konverter)-Länge $L_{mc} = 400~\mu m$, einen geraden Wellenleiter mit der Länge 410 μm(zum Längenausgleich) und eine adiabatischer direktionaler Koppler-Länge, $L_{ac} = 800~\mu m$. Und die vom Polarisationsteiler »PS5« mit der (Wire-Taper-Moden-Konverter)-Länge $L_{mc} = 800~\mu m$, einen geraden Wellenleiter mit der Länge 10 μm(zum Längenausgleich) und eine adiabatischer direktionaler Koppler-Länge, ebenfalls von $L_{ac} = 800~\mu m$ wurden untersucht um den Einfluss der (Wire-Taper-Moden-Konverter)-Länge auf die TM_{00}^{ein}-TE_{10}^{aus}-Moden-Konversion zu beschreiben.

Da es nur so viel TE_{00}^{aus}-Mode am unteren Arm des adiabatischen direktionalen Kopplers entstehen können, sowie TM_{00}^{ein}- in TE_{10}^{aus}-Mode im (Wire-Taper-Moden-Konverter) konvertiert werden, ergibt sich aus der TE_{00}^{aus}(X)-Performanz den Einfluss der (Wire-Taper-Moden-Konverter)-Länge auf die TM_{00}^{ein}-TE_{10}^{aus}-Moden-Konversion.

Mit der Hälfte an (Wire-Taper-Moden-Konverter)-Länge weißt der »PS3«, bei den TE_{00}^{aus}(X)-Mode-Messwerten in den oben genannten Wellenlängenbereich, die Hälfte an Leistungsschwankungen zwischen P_{norm}^{max} und P_{norm}^{min} (ca. 10 dB) und ebenfalls der Hälfte am freien Spektralbereich(ca. 4 nm) wie die vom Polarisationsteiler »PS5«. Die Unterschiede im freien Spektralbereich($\Delta \nu_{FSR} \sim \frac{1}{\Delta L}$) und an Leistungsschwankungen zwischen den Messergebnisse beider Polarisationsteiler lässt sich durch die unterschiedlichen Längen der geraden Wellenleiter(zum Längenausgleich) und der (Wire-Taper-Moden-Konverter)-Länge erklären. Hierbei wird angenommen, dass in der kürzen (Wire-Taper-Moden-Konverter)-Länge von 400 μm die TM_{00}^{ein}-TE_{10}^{aus}-Moden-Konversion weniger gelingt als bei der längeren (Wire-Taper-Moden-Konverter)-Länge von 800 μm. Dadurch die nicht konvertierten TM$_{00}^{ein}$-Mode-Anteile bei L$_{mc}$ = 400 μm größer als die nicht konvertierten TM$_{00}^{ein}$-Mode-Anteile bei L$_{mc}$ = 800 μm. Im geraden Wellenleiter interferieren die nicht konvertierten TM$_{00}^{ein}$- und konvertierten TE$_{10}^{aus}$-Moden, durch vorhandene Hybridisierung, miteinander. Bei L$_{mc}$ = 400 μm sind die nicht konvertierten TM$_{00}^{ein}$-Mode-Anteile vergleichsweise größer und interferieren mit der TE$_{10}^{aus}$-Mode im kürzen geraden Wellenleiter als bei L$_{mc}$ = 800 μm. Das führt bei der mit TM$_{00}^{ein}$- interferierten TE$_{10}^{aus}$-Mode zum kleinen freien Spektralbereich und größeren Leistungsschwankungsbereich bei bei L$_{mc}$ = 400 μm als bei L$_{mc}$ = 800 μm. Da die TE$_{00}^{aus}$(X)-Mode beim Überkoppeln der TE$_{10}^{aus}$-Mode entsteht, spiegelt sich dieses durch die vorhandene Hybridisierung Interferenz-Verhalten auf die TE$_{00}^{aus}$(X)-Mode-Performanz wieder.

Da der Einfluss von der L$_{ac}$ bei den TE$_{00}^{ein}$-TE$_{00}^{aus}$(X)-Mode-Messergebnisse untersucht wird, wird hierbei den Einfluss ein weiterer Parameter des adiabatischen direktionalen Kopplers analysiert. Der Grund für die Präsentation der TM$_{00}^{ein}$-TM$_{00}^{aus}$-Mode-Messergebnisse vom Polarisationsteiler »PS4« und »PS8« ist demnach den Gap-Einfluss auf die TE$_{00}^{aus}$(X)-Performanz zu zeigen, beim Vergleichen der Polarisationsteiler PS3«- mit den »PS4«-Messkurven einerseits und die »PS3«- mit den »PS4«-Messkurven anderseits. Hierbei zeigt eine Gap-Verkleinerung von Gap = 250 nm(vom »PS3«) auf Gap = 200 nm(vom Polarisationsteiler »PS4«), bei gleich bleibenden anderen Parameter der beiden Polarisationsteiler und im selben Wellenlängenbereich, eine Vervierfachung der TE$_{00}^{aus}$(X)-Mode-Leistungsschwankungsbereich von ca. 8 dB beim Polarisationsteiler »PS3« auf bis ca. 33 dB beim Polarisationsteiler »PS4«. Ebenfalls führt eine Gap-Verkleinerung vom Gap = 250 nm(vom Polarisationsteiler »PS5«) auf Gap = 200 nm(vom Polarisationsteiler »PS8«), bei gleich bleibenden anderen Parameter der beiden Polarisationsteiler und im selben Wellenlängenbereich, zur Erhöhung der TE$_{00}^{aus}$(X)-Mode-Leistungsschwankungsbereich auf ca. 10 dB und zur Halbierung des freien Spektralbereichs, vergleiche die oben genannten Tabelle zu den jeweiligen Messkurven. Dadurch lässt sich als Optimierungsvorschlag einen größeren als 200 nm empfehlen.

- (Rippen-Taper-Moden-Konverter)-Polarisationsteiler: Dafür sind die Messergebnisse mit Gitterfunktion(GF) vom Polarisationsteiler »PS1« und »PS2« dargestellt, siehe Abbildung 5.15. Das Analysieren der Messergebnisse wird den Einfluss der Rippen-Taper-Moden-Konverter(RTMK)-Länge, L$_{rc}$ auf die TM$_{00}^{ein}$-TE$_{10}^{aus}$-Moden-Konversion. Die TM$_{00}^{ein}$-TE$_{10}^{aus}$-Moden-Konversion lässt sich hierbei ebenfalls durch die Performanz der TE$_{00}^{aus}$(X)-Mode-Messergebnisse, weil es können soviel TE$_{00}^{aus}$(X)-Mode entstehen, wie TE$_{10}^{aus}$ am unteren Arm des adiabatischen Gitterkoppler über gekoppelt werden. Um die Performanz der (Rippen-Taper-Moden-Konverter)s, vom Polarisationsteiler »PS1« und »PS2«, mit der Performanz des (Wire-Taper-Moden-Konverter)s, vom Polarisationsteiler »PS4« und »PS8« zu vergleichen werden die Messdaten im selben Wellenlängenbereich 1550 $nm < \lambda <$ 1585 nm ausgewertet und in Tabelle 5.10 aufgelistet. Dazu besitzen alle vier Polarisationsteiler die gleiche adiabatischer direktionaler Koppler-Länge, L$_{ac}$ = 800 μm und den gleichen Gap = 200 nm jedoch unterschiedlichen geraden Wellenleiter zum Längenausgleich der gesamten Struktur auf 1630 μm.

Hierbei zeigt ebenfalls der Polarisationsteiler mit der längeren Moden-Konverter-Länge, L$_{rc}$ = 400 μm, Polarisationsteiler »PS2« einen bessere Performanz als der mit der kurzer Länge, »PS1« mit L$_{rc}$ = 100 μm. Eine Referenz der besseren

Performanz sind durch die Differenz zwischen P_{norm}^{max} und P_{norm}^{min} dargestellt und spiegeln die Leistungsschwankungen in den oben genannten Wellenlängenbereich. Die Leistungsschwankungen werden Beispielsweise am C_2 von ca. 13 dB mit L_{rc} = 100 μm auf ungefähr die Hälfte bei ca. 7 dB mit L_{rc} = 400 μm, vergleiche die Messdaten in Tabelle 5.10. Die gleiche Annahme ergibt sich hierbei ebenfalls, dass bei der Kurzen Rippen-Taper-Moden-Konverter-Länge(L_{rc}) mehr TM_{00}^{ein}-Mode als die in TE_{10}^{aus}- konvertierten Mode entstehen und die vorhandene Hybridisierung zum Interferenz-Verhalten führt, so dass in dem Längeren geraden Wellenleiter(zum Längenausgleich der gesamten Struktur auf 1630 μm) ein Interferenz-Verhalten mit dem TE_{10}^{aus} entsteht, in dem der freie Spektralbereich kürzer ist($\Delta\nu_{FSR} \sim \frac{1}{\Delta L}$) und die Leistungsschwankungen größer sind als bei dem Polarisationsteiler mit der längeren L_{rc}(hier entstehen weniger TM_{00}^{ein}-Anteil und die Moden-Konversion gelingt besser) und kleinen geraden Wellenleiter(zum Längenausgleich der gesamten Struktur auf 1630 μm) der Fall ist.

Die vom (Rippen-Taper-Moden-Konverter)-Performanz wird deutlicher beim Vergleich mit der (Wire-Taper-Moden-Konverter)- Performanz der TM_{00}^{ein}-TE_{10}^{aus}-Mode-Konversion, die anhand der TE_{00}^{ein}(X)-Mode-Messkurven gespiegelt werden. Der TE_{00}^{ein}(X)-Mode-Leistungsschwankungsbereich wird beim Polarisationsteiler »PS4« L_{mc} = 400 μm von 30 dB auf weniger als die Hälfte von ca. 13 dB beim Polarisationsteiler »PS1« L_{mc} = 100 μm und beim »PS8« L_{mc} = 800 μm von 23 dB auf weniger als die Hälfte von ca. 9 dB beim Polarisationsteiler »PS2« L_{mc} = 400 μm am selben und vom Chip C_5 und selben Wellenlängenbereich, vergleiche die Messdaten aus Tabellen 5.7 und 5.10.

Es wird angenommen, dass der Polarisationsteiler mit einem Rippen-Taper-Moden-Konverter zum besseren Moden-Konversation führt, so dass das Interferenz-Verhalten in einem vergleichsweise längeren geraden Wellenleiter(zum Längenausgleich der gesamten Struktur auf 1630 μm) zum vergleichsweise kleinerem freien Spektralbereich und niedrigen Leistungsschwankungen vergleichen mit der Performanz eines Polarisationsteilers mit einem Wire-Taper-Moden-Konverter.

Die TM_{00}^{ein}-TE_{00}^{aus}-Mode-Messergebnisse zeigen sowohl an den (Wire-Taper-Moden-Konverter)- als auch an den (Rippen-Taper-Moden-Konverter)-Polarisationsteiler große TE_{00}^{aus}(X)-Mode-Leistungsschwankungsbereiche und geben nicht die erwartete TE_{00}^{aus}(X)-Mode-Performanz von einen fast konstanten TE_{00}^{aus}(X)-Mode- Messkurvenverlauf, mit einem Leistungsschwankungsbereich unter 1 dB ähnlich wie die TE_{00}^{ein}-TE_{00}^{aus}(||)-Mode-Performanz mindestens in dem Wellenlängenbereich 1550 nm < λ < 1585 nm, wieder. Und einen starken Einfluss der unterschiedlichen geraden Wellenleiter(zum Längenausgleich), im dem durch vorhandene Hybridisierung einen Interferenz-Verhalten zwischen der TE_{10}^{aus}- und TM_{00}^{ein}-Mode. Deswegen lässt sich hierbei vermuten, dass die TM_{00}^{ein}-TE_{10}^{aus}-Mode-Konversion sowohl an (Wire-Taper-Moden-Konverter)- als auch an den (Rippen-Taper-Moden-Konverter)-Polarisationsteiler nicht vollständig funktioniert und TM_{00}^{ein}-Mode-Anteil unverändert am oberen Arm des adiabatischen direktionalen Kopplers sich ausbreiten und durch das interferieren der mit der TE_{10}^{aus}-Mode zur TE_{00}^{aus}(X)-Mode-Leistungsschwankungen führen.

- TM_{00}^{aus}(||)-TE_{00}^{aus}(X)-Mode-Messergebnisse am:
  - (Wire-Taper-Moden-Konverter)-Polarisationsteiler: Ziel der TM_{00}^{ein}-TM_{00}^{aus}(||)-Mode-

Messergebnisse-Präsentation ist die oben getroffene Annahme, die TM_{00}^{ein}-TE_{10}^{aus}-Moden-Konversion sowohl an (Wire-Taper-Moden-Konverter)- als auch an den (Rippen-Taper-Moden-Konverter)-Polarisationsteiler nicht vollständig zu funktionieren, zu belegen. Dafür sind die Messergebnisse mit (TM_{00}-GK)-Gitterfunktion vom Polarisationsteiler »PS3«, »PS4«, »PS5« und »PS8« jeweils an zwei verschiedenen Chips, C_2 & C_5 dargestellt, siehe Abbildung 5.11 und 5.13.

Die $TM_{00}^{aus}(||)$-Mode-Messergebnisse werden aus dem Wellenlängenbereich $1575\ nm < \lambda < 1595\ nm$ in Tabellen aufgelistet aus dem Grund, dass die TM_{00}^{ein}-TM_{00}^{aus}-Mode-Messergebnisse am »Referenzwellenleiter3« eine konstante Gitterfunktion-Performanz in diesem Wellenlängenbereich. Die Wechselwirkung mit den am unteren Arm ausbreiten TE_{00}^{aus}-Mode wird anhand der $TE_{00}^{aus}(X)$-Mode-Messergebnisse im Wellenlängenbereich $1550\ nm < \lambda < 1585\ nm$ aufgelistet, siehe Tabelle 5.6 und 5.13.

Wie viel an TM_{00}^{ein}-Mode bleibt unverändert bzw. konvertiert nicht in TE_{10}^{aus}- und breitet sich als $TM_{00}^{aus}(||)$-Mode am oberen Arm des adiabatischen direktionalen Kopplers, wird unter dem Einfluss der (Wire-Taper-Moden-Konverter)-Länge diskutiert, dafür wird die Performanz vom Polarisationsteiler »PS4«, »PS8« bzw. vom »PS3«, »PS5« miteinander verglichen und unter dem Gap-Einfluss untersucht, dafür werden die Polarisationsteiler »PS4«, »PS3« und »PS8«, »PS5« miteinander verglichen.

$TM_{00}^{aus}(||)$-Mode-Messergebnisse vom Polarisationsteiler »PS4« mit $L_{mc} = 400\ \mu m$ weisen eine Differenz zwischen den Minima und Maxima der normierten Leistung von ca. $18\ dB$ und einen halb so großen freien Spektralbereich auf als der vom Polarisationsteiler »PS8« mit $L_{mc} = 800\ \mu m$ und eine Differenz von ca. $27\ dB$, im gleichen Wellenlängenbereich und beim gleichen Gap $= 200\ nm$, siehe Abbildung 5.8. Zum Vergleich weisen die $TM_{00}^{aus}(||)$-Mode-Messergebnisse vom Polarisationsteiler »PS3« mit $L_{mc} = 400\ \mu m$ eine Differenz zwischen den Minima und Maxima der normierten Leistung von ca. $8\ dB$ und einen halb so großen freien Spektralbereich auf als der vom Polarisationsteiler »PS5« mit $L_{mc} = 800\ \mu m$ und eine Differenz von ca. $23\ dB$, im gleichen Wellenlängenbereich und beim gleichen Gap $= 250\ nm$.

Daraus lässt sich schließen, dass die $TM_{00}^{aus}(||)$-Mode bei den kurzen (Wire-Taper-Moden-Konverter)-Länge von $L_{mc} = 400\ \mu m$ haben sow einem Gap $= 200$ bzw. $250\ nm$ kleinere Leistungsschwankungsbereiche jedoch auch kleinere freien Spektralbereiche als die bei den kurzen (Wire-Taper-Moden-Konverter)-Länge von $L_{mc} = 800\ \mu m$. Die $TM_{00}^{aus}(||)$-Mode-Leistungsschwankungsbereiche sind großer, sowohl für $L_{mc} = 400$ als auch $800\ \mu m$ bei einem Gap $= 200\ nm$ als bei einem Gap $= 250\ nm$ und sind am größten bei $L_{mc} = 400\ \mu m$ und Gap $= 200\ nm$, siehe Tabelle 5.8 und 5.6. Die beiden Parameter, $L_{mc} = 400\ \mu m$ und Gap $= 200\ nm$, sind für die TM_{00}^{ein}-TE_{00}^{aus}-Mode-Zwecken nicht sinnvoll, deswegen ist es zu empfehlen die Parametern-Kombination, beim (Wire-Taper-Moden-Konverter)-Polarisationsteiler-Entwurf zu vermeiden.

Aus den TM_{00}^{ein}-TE_{00}^{aus}- und TM_{00}^{ein}-$TM_{00}^{aus}(||)$-Mode-Messergebnisse hat sich die Annahme befestigt, die aus den »Referenzwellenleiter5«-Messergebnisse gemacht wird, dass das Auskoppeln von einer TE_{00}^{aus}-Mode mit einem TM_{00}-GK führt zur Dämpfung der Moden auf einen normierten Leistungswert von mindestens -33

dB. Dadurch liegen die TM$_{00}^{ein}$-TE$_{00}^{aus}$($||$)-Mode-Messkurven unter -33 dB über den gesamten gesweepten Wellenlängenbereich, während TM$_{00}^{ein}$-TM$_{00}^{aus}$($||$)-Mode-Messerkurven Werte von ca. -10 dB im Wellenlängenbereich 1575 $nm < \lambda < 1595$ nm und nur für bestimmte einzeln Wellenlängen über den gesamten Wellenlängenbereich erreichen die Messkurven durch die normierte Leistungsschwankungen Werte kleiner als unter -33 dB. Umgekehrt gilt das gleiche ebenfalls, wenn eine TM$_{00}^{aus}$-Mode mit einem TE$_{00}$-GK auskoppelt wird.

- (Rippen-Taper-Moden-Konverter)-Polarisationsteiler: aus den TM$_{00}^{ein}$-TM$_{00}^{aus}$($||$)-Mode-Messergebnisse, vom aclPS »PS1« und »PS2« mit jeweils einem (Rippen-Taper-Moden-Konverter), werden die nicht in TE$_{10}^{aus}$- konvertierten TM$_{00}^{ein}$-Mode und sich am oberen Arm des adiabatischen direktionalen Kopplers als TM$_{00}^{aus}$($||$)-Mode ausbreiten. Dabei wird den Einluss der L$_{rc}$ auf die TM$_{00}^{ein}$-TE$_{10}^{aus}$-Moden-Konversion untersucht, die anhand der nicht konvertierten TM$_{00}^{aus}$($||$)- bzw. in TE$_{00}^{aus}$(X)-Mode ausgekoppelten Moden abgeleitet werden kann. Dafür sind die Messergebnisse, jeweils mit Gitterfunktion, vom Polarisationsteiler »PS1« und »PS2« dargestellt, siehe Abbildung 5.16. In einem bestimmten Wellenlängenbereich, in dem die Gitterkoppler geringen Einfluss auf die Moden, beschreiben die TM$_{00}^{ein}$($||$)- und TE$_{00}^{aus}$(X)-Mode einen direktionalen Koppler-Verhalten. Hierbei breiten sich die Moden am oberen und unteren Arm des Kopplers bei gleichen effektiven Index so aus, dass am oberen Arm ein Maxima der TM$_{00}^{aus}$($||$)-Mode vorliegt, wenn am unteren Arm ein Minima der TM$_{00}^{aus}$(X) ein Minimum hat und umgekehrt.

Eine weitere Annahme lässt sich hierbei machen, dass der oberen Taper des adiabatischen Gitterkoppler bei dem Taper-Breiten-Übergang von 800 auf 600 nm die aus der Moden-Konversion entstandenen TE$_{10}^{aus}$- und nicht konvertierten TM$_{00}^{aus}$($||$) in einem Bereich mit fast der gleichen effektiven Index, so dass der oben beschriebene direktionaler Koppler-Verhalten auftritt.

Die TM$_{00}^{ein}$-TM$_{00}^{aus}$($||$)-Mode-Messergebnisse an den beiden Polarisationsteiler dient ebenfalls zum Vergleichen zwischen einem (Rippen-Taper-Moden-Konverter) und einem (Wire-Taper-Moden-Konverter) durchzuführen, dafür werden erzielten Messerdaten aus Tabellen 5.11 und 5.8 im selben Wellenlängenbereich 1575 $nm < \lambda < 1595$ nm miteinander verglichen.

Die TM$_{00}^{ein}$-TM$_{00}^{aus}$($||$)-Mode-Messergebnisse vom Polarisationsteiler »PS1« mit L$_{rc}$ = 100 μm eine Differenz zwischen P$_{norm}^{max}$ und P$_{norm}^{min}$ von ca. 19 dB und vom Polarisationsteiler »PS2« mit L$_{rc}$ = 400 μm eine Differenz von ca. 5 dB im selben Wellenlängenbereich 1575 $nm < \lambda < 1595$ nm und beim gleichen Gap = 200 nm, siehe Tabelle 5.11.

Die TM$_{00}^{aus}$($||$)-Mode-Messergebnisse von Polarisationsteiler »PS1« und »PS4« mit L$_{mc}$ = 400 μm weißen bezüglich der Differenz zwischen P$_{norm}^{max}$ und P$_{norm}^{min}$ geringe Unterschiede von ca. 1 dB. Daraus ergibt sich, dass der (Rippen-Taper-Moden-Konverter) ein Viertel an der (Rippen-Taper-Moden-Konverter)-Länge um die ähnliche Performanz, im selben Wellenlängenbereich 1575 $nm < \lambda < 1595$ nm und beim gleichen Gap = 200 nm, zu liefern.

Ein großer Performanz-Unterschied zwischen einem (Rippen-Taper-Moden-Konverter)- und einem (Wire-Taper-Moden-Konverter)-PS zeigt der jeweilige Differenz-Vergleich zwischen P$_{norm}^{max}$ und P$_{norm}^{min}$ zwischen Polarisationsteiler »PS2« mit L$_{rc}$ = 400 μm und »PS8« mit L$_{rc}$ = 800 μm. Der Polarisationsteiler »PS8« zeigt eine Differenz von 27 dB, dagegen schafft der Polarisationsteiler »PS2«, mit der Hälften der Moden-Konverter-Länge, diese normierten Leistungsschwankungen auf 5 dB zu reduzieren, im selben Wellenlängenbereich $1575\ nm < \lambda < 1595\ nm$ und beim gleichen Gap = 200 nm, siehe Tabelle 5.11 und 5.8. Daraus lässt sich herleiten, dass beim (Rippen-Taper-Moden-Konverter)-Entwurf die Kombination der beiden Parameter $L_{rc} = 400\ \mu m$ und Gap = 200 nm sinnvoll ist.

Eine weiteres Erkenntnis ergibt sich aus dem TM_{00}^{ein}-$TM_{00}^{aus}(||)$-Mode-Messergebnisse vom (Rippen-Taper-Moden-Konverter)- und (Wire-Taper-Moden-Konverter)- Polarisationsteiler dass der (Rippen-Taper-Moden-Konverter) die (TM_{00}-GK)-GF anderes beeinflusst wie es der (Wire-Taper-Moden-Konverter) tut, vergleiche dafür die Kurvenform der TM_{00}^{ein}-$TM_{00}^{aus}(||)$-Mode- Messkurvenverlauf vom beispielsweise Polarisationsteiler »PS3« und »PS1« siehe Abbildung 5.11(a) und 5.16(a).

Alle Messergebnisse mit unterschiedlichen Moden stellen die Problemstellungen dar, die beim nächsten Entwurf durch geeignete Optimierung beseitigt bzw. gelöst werden müssen:

1. Die geraden Wellenlängen zum Längenausgleich der gesamten Struktur auf eine einheitliche Länge von 1630 μm beeinflussen die Performanz des Polarisationsteilers und erzeugen vor dem adiabatischen Koppler für die TM_{00}^{ein}- und TE_{10}^{aus}-Mode durch vorhandene Hybridisierung einen unerwünschten Interferenz-Streifen. Die geraden Wellenleiter müssen beim nächsten Entwurf realisiert werden.

2. die unvollständige TM_{00}^{ein}-TE_{10}^{aus}-Moden-Konversion kann durch einen Monden-Konverter-Entwurf-Fehler und/oder Herstellungsfehler oder -Abweichungen von den dimensionierten Taper-Monden-Konverter-Parameter entstehen. Demnach müssen alle Herstellungsfehlerkombinationen bezüglich den Taper-Monden-Konverter-Parameter untersucht und analysiert werden und daraus Optimierungsvorschläge gewonnen werden.

3. Ein Grund für die gleichen Leistungswerte zwischen den $TM_{00}^{ein}(||)$ -und $TE_{00}^{aus}(X)$-Maxima den Taper-Entwurf am oberen Arm des adiabatischen direktionalen Kopplers. Der Taper wird mit einer Anfangsbreite, die die Endbreite des Taper-Moden-Konverterentspricht, $W_2 = 800nm$ und eine Endbreite die bei ca. 600 nm liegt, gebaut. Es kann sein, dass es zwischen 800 nm und 600 nm eine bestimmte Taper-Breite gibt, die im Taper-Moden-Konverter konvertierten TE_{10}^{aus}-Moden auf den gleichen effektiven Index mit TM_{00}^{ein}-Moden gebracht werden. Der adiabatische direktionale Koppler hat die Aufgabe TE_{10}^{aus}-Moden vom oberen Arm im unteren Arm als $TE_{00}^{aus}(X)$über zu koppeln. Liegen die TE_{10}^{aus}- und die TM_{00}^{ein}-Moden bei dem gleichen effektiven Index kann nur dann ein Maximum an $TE_{00}^{aus}(X)$ gemessen werden, wenn die TE_{10}^{aus}- ein Maximum und die TM_{00}^{ein}-Mode ein Minimum hat und umgekehrt gilt ebenfalls für die Maxima der TM_{00}^{ein}-Mode. Die Einführung der TE_{10}^{aus}-Mode, durch den oberen Arm des adiabatischen Kopplers, zum gleichen effektiven Index mit der TM_{00}^{ein} muss untersucht werden und gegebenenfalls ein anderen Entwurf für den oberen Arm des adiabatischen Kopplers optimiert werden.

4. Alle Messergebisse mit einem Gap von 200 nm haben ungünstige Performanz verglichen mit der Performanz eines Gap von 250 nm zum unteren Arm des adiabatischen Gitterkoppler. Hierbei sollten ebenfalls weitere Gap-Größen untersucht werden und Optimierungsvorschläge gemacht werden.

6 Simulation und Optimierung

In diesem Kapitel geht es darum, die Messergebnisse mit der Simulation-Software FIMMWAVE[24] abzubilden und anhand der Simulationsergebnisse Optimierungsvorschläge darzustellen. Die Simulationen werden ohne den TE_{00}-GK bzw. TM_{00}-GK direkt an den Polarisationsteiler und deren Gitterfunktion(GF) direkt an den Polarisationsteiler(PS) durchgeführt. Dies muss beim Vergleich der Mess- mit den Simulationsergebnisse berücksichtigt werden. Die Simulationsergebnisse werden in diesem Kapitel nach den bereits diskutierten Messergebnisse in Unterkapiteln dargestellt:

- TE_{00}^{ein}-TE_{00}^{aus}-Mode-, TM_{00}^{ein}-TM_{00}^{aus}($||$)- und TM_{00}^{ein}-TE_{00}^{aus}(X)-Simulationsergebnisse: Ziel hierbei ist, den Einfluss des geraden Wellenleiter (zum Längenausgleich), des adiabatischen direktionalen Kopplers und des Gap aus den Messergebnisse zu untersuchen und Möglichkeiten zu zeigen, diesen zu minimieren.

- Herstellungstoleranzen am (Wire-Taper-Moden-Konverter) und (Rippen-Taper-Moden-Konverter): Die TM_{00}^{ein}-TM_{00}^{aus}($||$)-Mode-Messergebnisse zeigen, dass die TM_{00}^{ein}-TE_{10}^{aus}-Moden-Konversion nicht vollständig funktioniert. Ziel im diesem Unterkapitel ist, die Herstellungstoleranzen bezüglich der Silizium-Dicke, der BiCMOS-EPIC-Schichten, der Taper-Breite und -Länge zu untersuchen und Polarisationsteiler-Design vorzuschlagen, mit denen Herstellungstoleranzen kompensiert werden können.

6.1 TE_{00}^{ein}-TE_{00}^{aus}-Mode-Simulationsergebnisse

Hierfür wird der Polarisationsteiler »PS4« bzw. »PS8« mit der FIMMWAVE-Software abgebildet und die normierte Leistung P_{norm} in dB bei der Wellenlänge $\lambda = 1150\ nm$ und für $L_{ac} = 200\ \mu m$-$1000\ \mu m$ mit drei Gap-Größen: 200, 250 und 300 nm simuliert.
Bei der Diskussion der TE_{00}^{ein}-TE_{00}^{aus}-Mode-Messergebnisse am Polarisationsteiler »PS4« bzw. »PS8« wird angenommen, dass die TE_{00}^{aus}(X)-Mode-Messkurven durch das Interferenz-Verhalten höher Ordnung im geraden Wellenleiter(zum Längenausgleich) entstehen. Die Moden höher Ordnung interferieren im geraden Wellenleiter und erreichen den oberen Arm des adiabatischen direktionalen Kopplers im Interferenz-Verhalten dem Hybridmoden-Punkt. Dies führt beim Überkoppeln, vermutlich von TE_{10}- zur TE_{00}-Mode, beim Überkoppeln am unteren Arm des adiabatischen direktionalen Kopplers zu den TE_{00}^{aus}(X)-Mode-Messkurven, siehe 5.8(b) bzw. 5.9(b). Die Moden höhere Ordnung, die nicht übergekoppelt werden, sind vergleichsweise gering und werden durch den weiteren kleinen Verlängerung-Taper, um die Taper-Endbreite von 600 auf 500 nm am oberen Arm des adiabatischen direktionalen Kopplers zuführen, unter gedrückt. Des weiteren haben die Messungen am »Referenzwellenleiter5«, dass höheren Moden mit einem TE_{00}-GK auf ca. -33 dB gedämpft werden. Somit werden am oberen Arm des adiabatischen direktionalen Kopplers höherer TE_{00}^{aus}($||$)-Transmission und vernachlässigbaren normierter Leistungsschwankungen.
Eine weitere Annahme wird bei der Auswertung der TE_{00}^{ein}-TE_{00}^{aus}(X)-Mode getroffen. Hierbei ist die Ursache der normierter TE_{00}^{ein}-TE_{00}^{aus}(X)-Leistungsschwankungen dem geraden Wellenleiter zum Längenausgleich zu suchen. Die Simulationsergebnisse belegen hierbei das Interferenz-Verhalten höher Moden im geraden Wellenleiter ebenfalls bei einer TE_{00}^{ein}-Mode-Anregung, der Grund sein können für die gemessenen TE_{00}^{aus}(X). Denn bei der Entfernung der geraden Wellenleiter zeigen die TE_{00}^{aus}(X)-Simulationskurven für einen bestimmten Gap keine Leitungsschwankungen, siehe Abbildung 6.1(a).
Eine weitere Annahme belegen die Simulationsergebnisse bezüglich des Interferieren der Moden durch die unerwünschte Rückführung der TM_{00}^{ein}-TE_{10}^{aus}-Moden-Konversion im Moden-Hybridpunkt am oberen Arms des adiabatischen direktionalen Kopplers. Dies führt zur der

Simulationskurven in Abbildung 6.1(b).
Die Simulationsergebnissen belegen diese Annahme und zeigen, dass bei einer Gap von 200 nm eine TE$_{10}^{aus}$(X)-Mode-P$_{norm}$ von ca. -26 dB entsteht. Die am unteren Arm des adiabatischen direktionalen Kopplers durch TE$_{00}^{ein}$- angeregte TE$_{10}^{aus}$-Mode werden mit steigender Gap um 100 nm, von 200nm auf 300nm, geringer und liegen bei einer Gap von 300 nm bei ca. -30 dB. Dadurch wird die TE$_{00}^{aus}$(X)-Mode-Überkopplung mit steigendem Gap reduzieren und bringt die TE$_{10}^{aus}$(X)-Mode-P$_{norm}$ auf unter -30 dB, siehe Abbildung 6.1(a).
Die Reduzierung der TE$_{00}^{aus}$(X)-Mode-Überkopplung durch die Gap-Erhöhung, die TE(X)-Moden-Anteil bei einem Gap von 300 nm und einer adiabatischen direktionalen Koppler-Länge, L$_{ac}$ ≈ 200-300 nm über ca. -2 dB reduzieren und bei der TM$_{00}^{aus}$(||)-Mode zum Leistungsschwankungsbereich zwischen den Maxima und Minima von bis 50 db bei einer adiabatischen direktionalen Koppler-Länge, L$_{ac}$ ≥ 500 nm.
Die Realisierung von einem Gap < 200 nm ist technisch nicht möglich. Das ist ein zusätzlicher Grund, zu den Simulationsergebnissen, einen Gap von ca. 200 nm zu wählen. Da die Herstellungsabweichungen von einem Gap = 200 -20 nm unwahrscheinlicher sind als die von Gap = 200 +20 nm. Da der Performanz-Unterschiede von TE(X)-Moden bei einer adiabatischen direktionalen Koppler-Länge, L$_{ac}$ ≥ 500 nm gering ist und um die Leistungsschwankungsbereich von TM$_{00}^{aus}$(||)-Mode zu vermeiden, ist ein Gap von 200 nm eine passenden Größe, die auch Herstellungstoleranz bezüglich des Gaps dafür sorgt, dass die TE$_{00}^{ein}$-TE$_{00}^{aus}$(X)-Mode unter -20 dB bleibt und der TM$_{00}^{aus}$(||)-Mode Leistungsschwankungsbereich auf ca. 20 dB reduziert und stets für eine TM$_{00}^{ein}$-TE$_{00}^{aus}$(X)-Mode bei ca. 0 dB mit geringem Leistungsschwankungsbereich von ca. 2 dB.
In Tabelle 5.3(a) und 5.4(a) sind die aufgelistet P$_{norm}^{ohne}$, die nach dem Abzug der (TE$_{00}$-GK)-GF bei L$_{ac}$ = 200 und 800 μm errechnet werden. Der Die Differenz zwischen den aufgelisteten TE$_{00}^{aus}$(||)-Mode-P$_{norm}^{ohne}$ und den TE$_{00}^{aus}$(||)-Mode-Simulationswerten sind folgender Gründen zurückzuführen:

- Messfehler, die bei jedem Experiment entstehen, üben einen zu berücksichtigenden Einfluss auf die Messergebnisse und dementsprechend auf die Interpretation der Simulationsergebnisse aus.

- die Polarisationsteiler bestehen aus verlustfreien Wellenleitern. Aus den Messungen am Referenzwellenleiter werden endliche Wellenleiterverluste ermittelt. Beim Abzug der GF aus den Messergebnisse werden die Wellenleiterverluste ebenfalls abgezogen, jedoch nur bei der Taper-Breite von 500 nm(entspricht konstante Referenzwellenleiter-Breite). Da in den Polarisationsteilern Taper-Breite bis 800 nm vorhanden sind, bleiben nach dem Abzug der GF Wellenleiterverluste vorhanden, die die Transmission beeinflussen und die Abweichungen zwischen den gemessenen und simulierten TE$_{00}^{aus}$(||)-Moden erklären.

- Der Einfluss der Herstellungstoleranzen ist ebenfalls zu berücksichtigen. Die Simulationsergebnisse sind bei genauen Parametereingaben durchgeführt wurden. In der Dünnschichttechnologie können jedoch die BiCMOS-EPIC-Schichten, Taper-Breiten und -Längen des Polarisationsteilers nur selten alle diese Parameter auf den Punkt genau hergestellt werden. Dementsprechend kann ein Herstellungsfehler zu den Abweichungen zwischen Simulation und Messung führen. In der Praxis treten sehr oft kleine Herstellungstoleranzen bzw. Herstellungsfehler bei der Beschichtung der einzeln Schichten auf. Die Kombination dieser Herstellungsfehler sind nicht zu vernachlässigen.

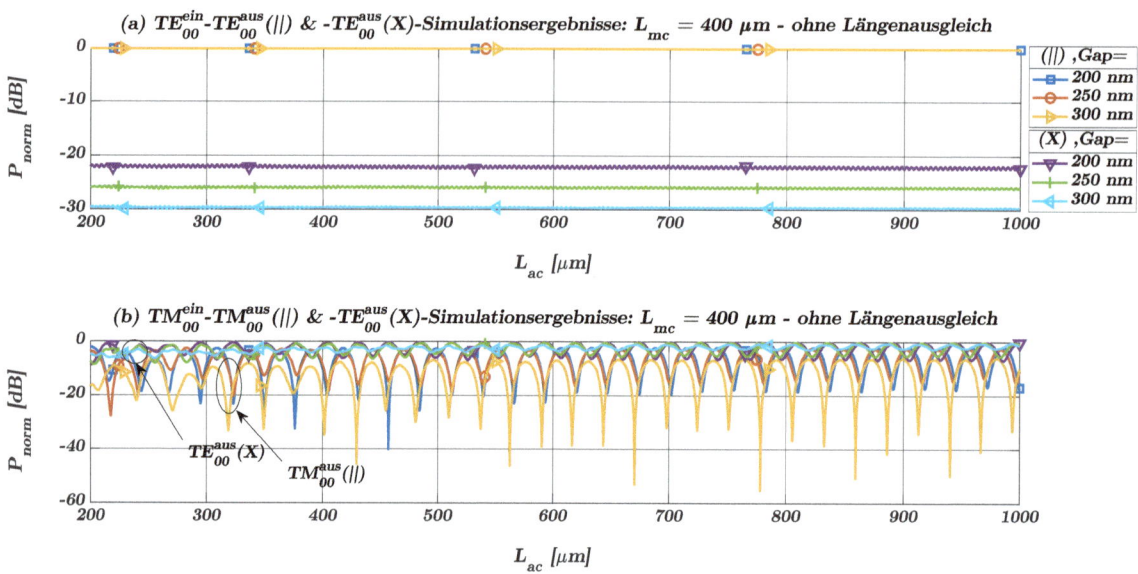

Abbildung 6.1: TE_{00}^{ein}-TE_{00}^{aus}(X)-, TM_{00}^{ein}-TM_{00}^{aus}(||) &-TM_{00}^{ein}-TE_{00}^{aus}(X)-Mode-Simulationsergebnisse ohne den geraden Wellenleiter

6.2 Herstellungstoleranzen am Wire-Taper-Moden-Konverter

Bei einer vollständigen TM_{00}^{ein}-TE_{10}^{aus}-Moden-Konversion sind geringe TM_{00}^{ein}(||) zu erwarten. Die TM_{00}^{ein}(||)-Mode-Messergebnisse von Polarisationsteiler»PS3« bzw. »PS5« und Polarisationsteiler »PS4« bzw. »PS8«, siehe 5.11 und 5.13, zeigen bei bestimmten Wellenlängen jedoch eine nahezu vollständige TM_{00}^{ein}(||)-Mode-Transmission(nach dem Abzug der Gitterfunktion) und sehr geringe TE_{00}^{aus}(X)-Mode-Leistungswerte. Daraus lässt sich es schließen, dass die TM_{00}^{ein}-TE_{10}^{aus}-Moden-Konversion für diese Wellenlänge nur teilweise funktioniert, da die TE_{00}^{aus}(X)-Mode am unteren Arm des adiabatischen direktionalen Kopplers beim Koppeln der in TE_{10}^{aus}-Mode konvertierten Moden entstehen. Die Gründe für diese unvollständige TM_{00}^{ein}-TE_{10}^{aus}-Moden-Konversion und damit verbundenen höheren TM_{00}^{ein}(||)-Mode-Messergebnisse, können Herstellungstoleranzen bei der Beschichtung der verwendeten Polarisationsteiler. Da die TM_{00}^{ein}-TE_{10}^{aus}-Moden-Konversion am (Wire-Taper-Moden-Konverter) bzw. am (Rippen-Taper-Moden-Konverter) stattfindet, werden in diesem Unterkapitel die Simulationsergebnisse der (Wire-Taper-Moden-Konverter)-Performanz mit einer angeregten TM_{00}^{ein}-Mode präsentiert. Laut Herstellungsangaben liegt die beschichtete Silizium-Dicke bei $H_{Si} = 220\ nm$, daher werden die Simulationsergebnisse bei der Silizium-Dicke, $H_{Si} = 220 \pm 20 nm$ dargestellt. Da die (Wire-Taper-Moden-Konverter)-Performanz ebenfalls durch die (Wire-Taper-Moden-Konverter)-Breiten und -Längen beeinflusst wird, wird der Einfluss möglicher Herstellungstoleranzen bezüglich der L_{mc} von $\pm\ 20\ \mu m$, bezüglich der W_1 und der W_2 von $\pm\ 20\ nm$ bei einer Wellenlänge $\lambda = 1585\ nm$ simuliert.

Ziel dieses Unterkapiels ost es, anhand der Simulationsergebnisse Optimierungsvorschläge bezüglich des Polarisationsteiler-Designs zu zeigen, die es für eine Silizium-Dicke($H_{Si} \pm 20\ nm$) möglich machen, Herstellungstoleranzen in den (Wire-Taper-Moden-Konverter)-Breiten und -Längen von bis $\pm\ 20\ \mu m$ bei der Wellenlänge $\lambda = 1585\ nm$ zu kompensieren und stets für eine TM_{00}^{ein}-TE_{10}^{aus}-Moden-Konversion am (Wire-Taper-Moden-Konverter) von $TE_{10}^{99\%} > 99\ \%$ bzw. TM_{00}^{aus}-Mode $< 1\ \%$ zu sorgen. Die Auswahl der Wellenlängen $\lambda = 1585\ nm$ hat zwei Gründe: erstens diese Wellenlänge liegt im Wellenlängenbereich, in dem die (TM_{00}-GK)-GF fast konstant verläuft. Zweitens die vergleichsweise höher normierten TM_{00}^{ein}(||)-Mode-Leistungswerte sind im Rahmen dieser Wellenlänge gemessen. Es wird angenommen, dass die Unterdrückung der Einflüsse aus den Herstellungstoleranzen gleichzeitig auch die WTMK-Performanz in den weiteren Wellenlängen, in denen die normierten TM-Mode-Leistungswerte vergleichsweise niedrig sind, verbessert.

Für den Entwurf eines gegen die Herstellungstoleranzen robusten Polarisationsteiler-Designs werden alle Abweichungskombinationen $\pm$ 20 nm bezüglich der W_1 und der W_2-Breiten auf jede (Wire-Taper-Moden-Konverter)-Seite simuliert. Dabei können Abweichungen von 20 nm mit dem gleichen oder mit unterschiedlichen Vorzeichen bei W_1 und W_2 auftreten. Zu den W_1 und W_2 mit kaum beziehungsweise viel geringeren Herstellungstoleranzen ergeben sich insgesamt fünf Abweichungskombinationen bezüglich der (Wire-Taper-Moden-Konverter)-Breite bei jeder Silizium-Dicke. Für jede dieser fünf Abweichungskombinationen werden Simulationen für $L_{mc} = 400 \pm 20$ μm (-20/L_{mc}^{400}/+20) und für $L_{mc} = 800 \pm 20$ μm (-20/L_{mc}^{800}/+20) durchgeführt. Hierbei werden als Simulationsergebnissen die Transmission in % der nicht in TE_{10}^{aus}-Mode konvertierten TM_{00}^{ein}-Mode Moden angegeben. Die Auswahl der Längen wurde getroffen, weil sie bei den gemessenen Polarisationsteiler dimensioniert sind. Damit lassen sich die gemessenen normierten $TM_{00}^{ein}(||)$-Mode-Leistungswerte einem bestimmten Bereich der Herstellungstoleranzen zuweisen.

Des weiteren werden die Simulationsergebnisse bezüglich der L_{mc} gezeigt, bei denen mindestens 99 % der TM_{00}^{ein}-Mode in TE_{10}^{aus}-Mode konvertiert werden, $TE_{10}^{99\%}$. Die Simulationen werden hierfür ebenfalls unter allen W_1 und W_2- Abweichungskombinationen und bei einer Silizium-Dicke, $H_{Si} = 220 \pm 20$ nm über einen gesweepten (Wire-Taper-Moden-Konverter)-Längenbereich von $L_{mc} = 200 - 1000$ μm durchgeführt, siehe Tabelle 6.1.

Bei genauer Beschichtung der Silizium-Dicke, H_{Si} von 220 nm und der (Wire-Taper-Moden-Konverter)-Länge, $L_{mc} = 400$ μm bzw. wenn die Herstellungsfehler sehr gering anzunehmen sind, werden trotzdem ca. 3,8 % der angeregten TM_{00}^{ein}-Mode bei der (Wire-Taper-Moden-Konverter)-Länge, $L_{mc} = 400$ μm die TM_{00}^{ein}-TE_{10}^{aus}-Moden-Konversion nicht schaffen. Werden bei dieser ziemlich genauen Silizium-Dicke jedoch noch Herstellungsfehler bezüglich der (Wire-Taper-Moden-Konverter)-Länge auftreten, so dass L_{mc} bei ca. 400 - 20 μm liegt können die nicht in TE_{10}^{aus}-Mode konvertierten TM_{00}^{ein}-Mode-Anteile bei ca. 4,6 % liegen, siehe Tabelle 6.1(d_1). liegen bei der gleichen Silizium-Dicke die (Wire-Taper-Moden-Konverter)-Breite und ihre Herstellungsfehler, in einem Breitenbereich, so dass $W_1 = 500 - 20$ nm der $W_2 = 800$ + 20 nm erreichen, können die nicht in TE_{10}^{aus}-Mode konvertierten TM_{00}^{ein}-Mode-Anteile bei ca. 6 % liegen. Wird hierbei die (Wire-Taper-Moden-Konverter)-Länge, L_{mc} bei ca. 400 - 20 μm liegen, wird die TM_{00}^{ein}-TE_{10}^{aus}-Moden-Konversion schlechter und es bleiben aus der angeregten TM_{00}^{ein}-Mode ca. 7 % nicht konvertiert, dies entspricht ca. -26 dB der normierten Leistung ohne die TM_{00}-GK-Verluste, siehe Tabelle 6.1(d_4).

Die Dimensionierung der W_1 und W_2 und ihre Herstellungstoleranzen können die (Wire-Taper-Moden-Konverter)-Länge, in der eine TM_{00}^{ein}-TE_{10}^{aus}-Moden-Konversion von mindestens 99 % ($TE_{10}^{99\%}$) stattfindet, ebenfalls beeinflussen.

Der ungünstigste Einfluss kommt in Form der vergleichsweise längsten (Wire-Taper-Moden-Konverter)-Länge vor ($L_{mc} \approx 641$ μm), bei der eine fast vollständige TM_{00}^{ein}-TE_{10}^{aus}-Moden-Konversion bei der gleichen H_{Si} erreicht wird, wenn die Beschichtung von W_1 und dazu gehörigen Herstellungstoleranzen bei ca. 500 - 20 nm und die von W_2 bei ca. 800 + 20 nm liegen.

Die gewonnene Erkenntnis hierbei ist, dass die Dimensionierung von (Wire-Taper-Moden-Konverter)-Länge, $L_{mc} = 400$ μm nicht sinnvoll ist. Wenn die Silizium-Dicke, die (Wire-Taper-Moden-Konverter)-Breiten und die (Wire-Taper-Moden-Konverter)-Länge, ganz genau und ohne Herstellungsfehler, reicht die L_{mc} von 400 μm nicht aus um eine vollständigen TM_{00}^{ein}-TE_{10}^{aus}-Moden-Konversion zu gewährleisten.

Der vergleichsweise günstigste Einfluss kommt in Form der kürzesten (Wire-Taper-Moden-

Konverter)-Länge vor ($L_{mc} \approx 536~\mu m$), bei der eine fast vollständige TM_{00}^{ein}-TE_{10}^{aus}-Moden-Konversion bei einer Silizium-Dicke(H_{Si} von $220~nm$) erreicht wird, wenn die Beschichtung von W_1 und die dazugehörigen Herstellungstoleranzen bei ca. $500 + 20~nm$ und die von W_2 bei ca. $800 - 20~nm$ liegen. Weitere Vorteile hierbei sind die vergleichsweise niedrige TM_{00}^{ein}-Mode-Transmission bei $L_{mc} = 400 \pm 20~\mu m$, siehe Tabelle 6.1($d_5$).

Die oben beschriebenen Simulationsergebnisse der nicht in TE_{10}^{aus}-Mode konvertierten TM_{00}^{aus}-Mode[%] können nicht zu den $TM_{00}^{aus}(||)$-Mode-Messergebnissen bei $L_{mc} = 400~\mu m$ vom Polarisationsteiler »PS3« und »PS4« gleichgesetzt werden. Da die $TM_{00}^{aus}(||)$-Mode breiten sich nach der TM_{00}^{ein}-TE_{10}^{aus}-Moden-Konversion im (Wire-Taper-Moden-Konverter) durch den oberen Arm des adiabatischen direktionalen Kopplers, im Polarisationsteiler-Gitterkoppler-Tapers aus, siehe Abbildung 4.1 und im Gitterkoppler-Taper bevor sich an den periodischen Gitter ausgekoppelt werden. Alle dies Parameter beeinflussen die $TM_{00}^{aus}(||)$-Mode-Messergebnisse. Demnach dient der Vergleich zwischen den $TM_{00}^{aus}(||)$-Mode-Messergebnisse und den in Tabelle 6.1 aufgelisteten Simulationsdaten vom (Wire-Taper-Moden-Konverter) zur Orientierung der (Wire-Taper-Moden-Konverter)-Performanz unter den Einflüssen der Herstellungstoleranzen. Die stärksten Einflüsse der Herstellungstoleranzen bezüglich (Wire-Taper-Moden-Konverter)-Breite und -Länge, bei einer Silizium-Dicke von H_{Si} von $220~nm$, sind in Tabelle 6.1(d_4) aufgelistet. Dabei lassen die TM_{00}^{aus}-Mode $\approx 7\%$ bei $L_{mc} = 400$ -$20~\mu m$(entsprechen ca. $-11~dB$ der gemessenen normierten Leistung, ohne TM_{00}-GK-Verluste) und TM_{00}^{aus}-Mode $\approx 0{,}5\%$ bei $L_{mc} = 800$ -$20~\mu m$ vermuten(entsprechen ca. $-23~dB$ der gemessenen normierter Leistung, ohne TM_{00}-GK-Verluste) vermuten, dass es weitere Herstellungstoleranzen bei Polarisationsteiler »PS3«, »PS4«, »PS5« und »PS8« geben muss, die zu den vergleichsweise höheren $TM_{00}^{aus}(||)$-Mode-Leistungswerte führen, siehe Abbildung 5.11(a), 5.13(a), 5.11(b) und 5.13(b).

Taper-Performanz mit Herstellungstoleranzen bezüglich: H_{Si}, W_1, W_2 & L_{mc}					
H_{Si}, W_1, W_2 [nm]:			$L_{mc} [\mu m]$:	$TM_{00}^{aus}[\%]$: $L_{mc}^{400} \mp 20$ & $L_{mc}^{800} \mp 20$ $[\mu m]$	
H_{Si}		W_1	W_2	$TE_{10}^{99\%}$	$-20/L_{mc}^{400}/+20$	$-20/L_{mc}^{800}/+20$
160	a_1	500	800	$\geq$ 156,641	$\leq$ 0,022	$\leq$ 0,010
	a_2	500+20	800+20	$\geq$ 164,754		
	a_3	500-20	800-20	$\geq$ 160,742		
	a_4	500-20	800+20	$\geq$ 164,844		
	a_5	500+20	800-20	$\geq$ 136,133		
180	b_1	500	800	$\geq$ 182,031	$\leq$ 0,0811	$\leq$ 0,031
	b_2	500+20	800+20	$\geq$ 201,563		
	b_3	500-20	800-20	$\geq$ 193,750		
	b_4	500-20	800+20	$\geq$ 216,992		
	b_5	500+20	800-20	$\geq$ 158,594		
200	c_1	500	800	$\geq$ 465,525	2,328/1,816/1,321	$\leq$ 0,132
	c_2	500+20	800+20	$\geq$ 457,813	2,294/1,843/1,460	
	c_3	500-20	800-20	$\geq$ 465,625	2,160/1,728/1,364	
	c_4	500-20	800+20	$\geq$ 356,250	0,675/0,533/0,421	
	c_5	500+20	800-20	$\geq$ 262,500	0,158/0,069/0,026	
220	d_1	500	800	$\geq$ 575,110	4,564/3,840/3,212	0,309/0,318/0,290
	d_2	500+20	800+20	$\geq$ 590,625	4,612/3,867/3,188	0,235/0,223/0,209
	d_3	500-20	800-20	$\geq$ 575,000	4,485/3,730/3,205	0,264/0,262/0,284
	d_4	500-20	800+20	$\geq$ 641,406	6,767/6,011/5,115	0,426/0,379/0,332
	d_5	500+20	800-20	$\geq$ 535,938	3,839/3,035/2,569	0,106/0,096/0,073
240	e_1	500	800	$\geq$ 727,344	9,489/8,977/8,691	0,482/0,431/0,372
	e_2	500+20	800+20	$\geq$ 711,719	10,413/10,071/9,615	0,596/0,602/0,636
	e_3	500-20	800-20	$\geq$ 770,313	9,611/8,846/8,147	0,752/0,594/0,431
	e_4	500-20	800+20	n.a.	25,690/23,946/22,363	6,067/5,839/5,471
	e_5	500+20	800-20	n.a.	17,691/16,058/14,669	2,667/2,662/2,637

Tabelle 6.1: Simulationsergebnisse zum Einfluss der Herstellungsfehler-Kombinationen von: H_{Si}, W_1, $W_2 \pm 20$ nm und $L_{mc} \pm 20$ μm auf der Moden-Konversion: $TM_{00}^{ein} \rightarrow TE_{10}^{aus}$-Mode

Ein weiterer möglicher Herstellungsfehler kann bei der Abscheidung der Silizium-Schichten auf dem Silizium-Wafer entstehen. Die Simulationsergebnisse in Tabelle 6.1(c_1)-(c_5) spiegeln eine Silizium-Dicke -Reduzierung im Bereich von 20 μm nicht wieder, so dass die H_{Si}, in den gemessenen Chips, bei 200 nm durch Herstellungsfehler liegen und zu den $TM_{00}^{aus}(||)$-Mode-Messergebnissen führen kann. Da hierbei liegen alle simulierten Herstellungsfehler bezüglich der (Wire-Taper-Moden-Konverter)-Breite und -Länge bei TM_{00}^{aus}-Mode $< 7\%$ für $L_{mc} = 400 \pm 20$ μm und bei TM_{00}^{aus}-Mode $< 0,132\%$ für $L_{mc} = 800 \pm 20$ μm.

Dies führt zu der Annahme, dass die Herstellungsfehler bei der Abscheidung des Siliziums auf dem Silizium-Wafer zur Erhöhung der Design-Silizium-Dicke von H_{Si} geführt haben, so dass die gemessen Chips eine Silizium-Dicke haben können, die näher zur $H_{Si} = 240$ nm als zur $H_{Si} = 220$ nm liegen kann. Bei $H_{Si} = 240$ nm können die schlechtesten Herstellungsfehler-Kombinationen dazu führen, dass die nicht konvertierten TM_{00}^{aus}-Mode[%] bei einer $L_{mc} = 800 \pm 20$ μm bei ca. 6% und bei einer $L_{mc} = 400 \pm 20$ μm die TM_{00}^{aus}-Mode bei ca. 26% liegen, für $W_1 = 500 + 20$ nm und $W_2 = 800 - 20$ nm, siehe Tabelle 6.1(e_4) und Abbildung 6.5(f).

Liegen die Herstellungsfehler in dem Bereich, der in Tabelle 6.1(e_4) und (e_4) aufgelistet ist, reichen bei der Silizium Dicke, H_{Si} = 240 nm, reicht eine (Wire-Taper-Moden-Konverter)-Länge von bis 1000 nm nicht dafür aus, eine vollständige TM_{00}^{ein}-TE_{10}^{aus}-Moden-Konversion zu erreichen(n.a. steht für nicht verfügbar, engl. *not available*).

Der Einfluss der Herstellungsfehler ist bei einer Silizium-Dicke H_{Si} = 240 nm am stärksten verglichen mit den Einfluss der weiteren Silizium-Schichten H_{Si} = 160-220 nm. Während die Simulationsergebnisse der TM_{00}^{aus}-Mode bei H_{Si} = 160 nm Abweichung von $\leq$ 0,022% für L_{mc} = 400 $\pm$ 20 μm, W_1 = 500 + 20 nm und W_2 = 800 - 20 nm, siehe Tabelle 6.1(c_5), zeigen die Simulationsergebnissen der TM_{00}^{aus}-Mode bei H_{Si} = 240 nm bei der gleichen L_{mc}, W_1 und W_2 Abweichung von mehr als 3%.

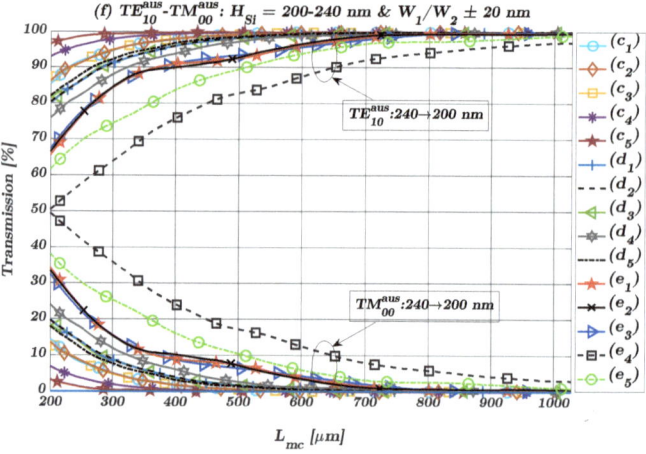

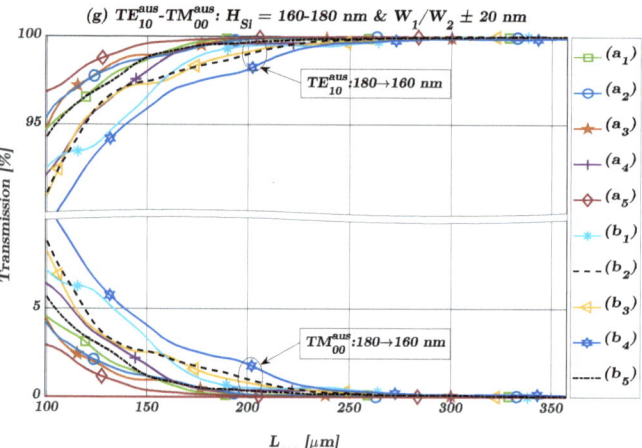

Ziel der aufgelisteten Simulationsergebnisse von H_{Si} = 160-180 nm, siehe Tabelle 6.1(a_1-b_1), ist, unter alle Parameterabweichungen bzw. Herstellungsfehler,

Abbildung 6.2: Alle Parameterabweichungen von: (f) H_{Si}=200-240 & (g) H_{Si}=160-180 nm

die ebenfalls bei H_{Si} = 200-240 nm untersucht werden, eine Silizium-Dicke als Optimierungsvorschlag für den Entwurf weiterer Polarisationsteiler festzulegen. Diese Silizium Dicke soll mit den in dieser Masterarbeit festgelegten Entwurfsbedingungen dafür sorgen, stets für eine TE_{10}^{aus}-Mode > 99% zu ermöglichen um eine fast vollständige TM_{00}^{ein}-TE_{10}^{aus}-Moden-Konversion zu gewährleisten.

Die Entwurfsbedingungen in dieser Masterarbeit sind:

1) Herstellungsfehler in der Silizium-Dicke von H_{Si} $\pm$ 20 nm kompensieren.

2) Herstellungsfehler in der (Wire-Taper-Moden-Konverter)-Breite von W_1 $\pm$ 20 nm und W_2 $\pm$ 20 nm kompensieren.

3) Herstellungsfehler in der (Wire-Taper-Moden-Konverter)-Länge von L_{mc} $\pm$ 20 μm kompensieren.

Diese drei Entwurfsbedingungen können mit einer Silizium-Dicke von H_{Si} = 180 nm und mit einer (Wire-Taper-Moden-Konverter)-Länge, L_{mc} $\approx$ 466 μm erfüllt werden. Diese Länge wird aus den Simulationsergebnissen aller Herstellungsfehler-Kombinationen bezüglich W_1 und W_2 bei einer Silizium-Dicke von H_{Si} = 180 nm entnommen, siehe Tabelle 6.1(c_1).

Mit dieser Länge können alle Herstellungsfehler-Kombinationen von H_{Si} =180 $\pm$ 20 nm, W_1 $\pm$ 20 nm und W_2 $\pm$ 20 nm kompensiert werden. Die Herstellungsabweichungen bei einer Länge von $L_{mc} \approx 466 + 20$ μm werden die $TE_{10}^{99\%}$ nicht negativ beeinflussen. Um jedoch sicher zu gehen, dass der (Wire-Taper-Moden-Konverter) gegen Herstellungsfehler bezüglich der Länge von L_{mc} -20 μm robust bleibt und die fast vollständige TM_{00}^{ein}-TE_{10}^{aus}-Moden-Konversion bei möglichen $L_{mc} \approx 466$ -20 μm, durch Parameterabweichung während der Beschichtung, nicht geschwächt wird, soll L_{mc} bei ≈ 466 +20 μm dimensioniert werden, um alle oben genannten Entwurfsbedingungen zu erfüllen.

Weitere Erkenntnisse ergeben sich hierbei aus allen Simulationsergebnisse der Tabelle 6.1. Diese Erkenntnisse und die oben erwähnten Entwurfsbedingungen werden in dieser Masterabeit als Leitfaden eine mögliche Vorgehensweise beim (Wire-Taper-Moden-Konverter)-Entwurf vorgeschlagen:

- Beim Entwurf eines (Wire-Taper-Moden-Konverter) bei einer bestimmten geplanten Silizium-Dicke H_{Si}, zwecks einer fast vollständigen TM_{00}^{ein}-TE_{10}^{aus}-Moden-Konversion, sollen alle Parameterabweichungen zuerst bei der nächstgrößeren Silizium-Dicke untersucht werden, die im Bereich der Herstellungsfehler liegen. Dann soll aus diesen Untersuchungs- bzw. Simulationsergebnissen die (Wire-Taper-Moden-Konverter)-Länge dimensioniert werden, die bei allen Herstellungsfehler-Kombinationen von W_1 und W_2, eine fast vollständige TM_{00}^{ein}-TE_{10}^{aus}-Moden-Konversion TE_{10}^{aus}-Mode $> 99\%$ gewährleistet. Die Länge, aus der nächstgrößeren Silizium-Dicke, soll zuletzt als (Wire-Taper-Moden-Konverter)-Länge bei der geplanten Silizium-Dicke H_{Si} beim geplanten (Wire-Taper-Moden-Konverter)-Entwurf dimensioniert werden. Somit kann dieser (Wire-Taper-Moden-Konverter)-Entwurf robust gegen alle Herstellungsfehler-Kombinationen unter allen oben genannten Parametern realisiert werden.

- Beim (Wire-Taper-Moden-Konverter)-Entwurf soll die Silizium-Dicke $H_{Si} = 220$ bzw. 240 nm vermieden werden. Die Silizium-Dicke $H_{Si} = 220$ bzw. 240 ist deswegen nicht zu empfehlen, weil einen robusten (Wire-Taper-Moden-Konverter)-Entwurf, nach der im ersten Punkt erwähnt Vorgehensweise, eine (Wire-Taper-Moden-Konverter)-Länge von $L_{mc} = 1000$ μm(TE_{10}^{aus}-Mode$\approx 97\%$) nicht dafür ausreicht, eine fast vollständige TM_{00}^{ein}-TE_{10}^{aus}-Moden-Konversion zu gewährleisten. Dafür muss die L_{mc} » 1000 μm(der in Tabelle nicht aufgelisteten L_{mc}-Wert liegt bei über 1200 μm) sein, was macht denn gesamten Polarisationsteiler-Entwurf nicht kompakt. Dazu kommt auch, dass die ungünstigsten Herstellungskombinationen bei $H_{Si} = 240$ zu Abweichungen in der der TM_{00}^{ein}-TE_{10}^{aus}-Moden-Konversion-Performanz von bis ca. 3%(entsprechen -15 dB normierte Leistung) und zur TM_{00}^{aus}-Mode $\approx 26\%$(nur $\approx 74\%$ an TM_{00}^{ein}-TE_{10}^{aus}-Moden-Konversion) führen können.

- Die Abweichungen in der TM_{00}^{ein}-TE_{10}^{aus}-Moden-Konversion-Performanz, unter allen Herstellungsfehler -Kombinationen, liegen zwar bei $H_{Si} = 200$ sind $\approx 1\%$ beim (Wire-Taper-Moden-Konverter)-Entwurf, nach der Vorgehensweise aus dem ersten Punkt, wird die $L_{mc} \approx 641$ +20 μm liegen müssen, um alle in dieser Masterdarbeit vorgeschlagenen Entwurfsbedingungen zu erfüllen. Beim (Wire-Taper-Moden-Konverter)-Entwurf mit der Silizium-Dicke $H_{Si} = 180$ nm und mit der Berücksichtigung der oben genannten Entwurfs-Vorgehensweise kann die $L_{mc} \approx 466$ +20 μm reduziert werden, dies macht den Polarisationsteiler-Entwurf um 195 μm kompakter.

Da im Rahmen dieser Masterarbeit alle Herstellungsfehler-Kombinationen, die in einem Bereich von bis $\pm$ 20 nm bezüglich W_1 bzw. W_2 und von bis $\pm$ 20 μm bezüglich L_{mc} bei $H_{Si} = 160$-240 nm dargestellt, wird die vorgeschlagene Vorgehensweise beim (Wire-Taper-Moden-Konverter)-Entwurf bezüglich der nächstgrößeren Silizium-Dicke durch die in Tabelle

6.1(b_1-(e)$_5$) aufgelisteten Simulationsergebnisse bekräftigt. Es wird in dieser Arbeit angenommen, dass H_{Si} = 140 nm zu weiterer Reduzierung und nicht Erhöhung der Mindestlänge, bei der gilt TE_{10}^{aus}-Mode > 99%, so dass die vorgeschlagene Vorgehensweise beim (Wire-Taper-Moden-Konverter)-Entwurf bezüglich der nächstgrößeren Silizium-Dicke ebenfalls für eine Silizium-Dicke von H_{Si} = 160 nm gilt. Es wird angenommen, dass bei Silizium-Dicke von H_{Si} = 160 der Polarisationsteiler- allein durch den (Wire-Taper-Moden-Konverter)-Entwurf, mit der Berücksichtigung der gleichen Entwurfs-Vorgehensweise und Bedingungen, um 436 μm kompakter gemacht werden kann, verglichen mit dem gleichen (Wire-Taper-Moden-Konverter)-Entwurf mit einer Silizium-Dicke H_{Si} = 200 nm.

Die Simulationsergebnissen bezüglich aller Herstellungsfehler- Kombinationen unter allen oben diskutieren Entwurfsparametern sind in Abbildung 6.5(f) für alle simulierten Entwurfsparametern mit der (Wire-Taper-Moden-Konverter) -Silizium-Dicke H_{Si}=200-240 und Abbildung 6.5(g) für alle Stimulierten Entwurfsparametern mit der (Wire-Taper-Moden-Konverter)-Silizium-Dicke H_{Si}=160-180 für dargestellt. Die oberen bzw. die unteren Simulationskurven in beiden Abbildungen präsentieren die Transmission der entstandene TE_{10}^{aus}-Mode bzw. nicht konvertierten TM_{00}^{aus}-Mode in % beim Durchlaufen eines (Wire-Taper-Moden-Konverter)s über einer gesweepten Länge, L_{mc} von 200 bis 1000 μm und spiegeln die TM_{00}^{ein}-TE_{10}^{aus}-Moden-Konversion-Performanz, unter allen in Tabelle 6.1 aufgelisteten Herstellungsfehler-Kombinationen wieder. Die Simulationskurven (e_5) und (e_5) veranschaulichen die »n.a.«- Angabe in Tabelle 6.1(e_4) und (e_5). Die Kurven zeigen eine TE_{10}^{aus}-Mode-Transmission von höchstens $\approx$ 97 % bei (e_4) und $\approx$ 97 % bei (e_5) am Ende der gesweepten L_{mc} bei ca. 1000 μm. Des weiteren zeigen die Kurven den starken Einfluss der Herstellungsfehler bei H_{Si} = 240 nm und wie dieser Einfluss geringer wird, je dünner die Silizium-Schicht des (Wire-Taper-Moden-Konverter)s wird, indem die TE_{10}^{aus}- bzw. TE_{10}^{aus}-Mode-Transmission-Simulationskurven nach oben bzw. nach unter gedrückt werden, siehe Abbildung 6.5(f).

Um die Einflüsse aller Herstellungsfehler- Kombinationen auf einen (Wire-Taper-Moden-Konverter) mit einer H_{Si}= 160 bzw. 180 nm anhand der in Tabelle 6.1(a_1)-(b_5) aufgelisteten Simulationsergebnissen zu zeigen, werden die Kurven in Abbildung 6.5(g) nur bis der L_{mc} $\approx$ 350 μm auf der X-Achse gezeigt. Die Y-Achse zeigt einen zur TE_{10}^{aus}-Mode-Transmission-Bereich von ca. 90-100 % bzw. einen TM_{00}^{aus}-Mode-Transmission-Bereich von ca. 0-10 % an. Die Kurven veranschaulichen den niedrigen Einfluss aller Herstellungsfehler-Kombinationen bei den beiden Silizium-Schichten von H_{Si}= 160 bzw. 180 nm. Ein Vergleich der Simulationskurven von Abbildung 6.5(g) mit denen von von Abbildung 6.5(f) hebt diesen niedrigen Einfluss hervor und bekräftigt die bereits getroffene Schlussfolgerung, die Silizium-Schichten von H_{Si}= 240 nm zu vermeiden. Während der Einfluss der ungünstigsten Herstellungsfehler-Kombinationen zu einer TM_{00}^{ein}-TE_{10}^{aus}-Moden-Konversion-Performanz von $\approx$ 75 %, für H_{Si}= 240 nm und L_{mc} $\approx$ 400 μm, führt, liegt dieTE_{10}^{aus}-Mode-Transmission bei $\approx$ 96 % unter allen Herstellungsfehler-Kombinationen von H_{Si}= 160 nm und 180 nm zusammen. Eine TM_{00}^{ein}-TE_{10}^{aus}-Moden-Konversion-Performanz von $\approx$ 75 % entspricht $\approx$ 25 % (ca. -6 dB normierte Leistung)der eingeführten TM_{00}^{ein}-Mode, die unverändert den (Wire-Taper-Moden-Konverter) verlassen kann und sich als TM_{00}^{aus}(|||)-Mode am oberen Arm des adiabatischen direktionalen Kopplers ausbreiten kann.

6.2.1 (Wire-Taper-Moden-Konverter)-Eigenmode

Im vorherigen Unterkapitel zeigen die Simulationsergebnissen einen Einfluss der Silizium-Dicke, H_{Si}, auf die (Wire-Taper-Moden-Konverter)- Mindestlänge, die eine vollständige TM_{00}^{ein}-TE_{10}^{aus}-Moden-Konversion gewährleistet, L_{mc} ($T_{10}^{99\%}$). Dieser Einfluss kann einen Unterschied, zwischen der (Wire-Taper-Moden-Konverter)- Mindestlänge bei der Silizium-Dicke $H_{Si} = 160\ nm$ und der (Wire-Taper-Moden-Konverter)-Mindestlänge bei der Silizium-Dicke $H_{Si} = 180\ nm$ und unter der ungünstigsten Herstellungsfehler-Kombinationen beider H_{Si}, von über $1000\ \mu m$ ausmachen, siehe Tabelle 6.1(a_4-($e)_4$) bzw. Abbildung 6.5(f) und (g). Das Ziel in diesem Unterkapitel ist es, den Einfluss auf die (Wire-Taper-Moden-Konverter)- Mindestlänge Eingenmoden zu erklären. Dafür sind in Abbildung 6.3(a)-(e) die Simulationsergebnisse des effektiven Brechungsindexes, n_{eff}(Y-Achse) der einzeln fünf Moden als Funktion der Taper-Breite(X-Achse) bei unterschiedlichen Silizium-Schichtdicken von $H_{Si} = 160$-$240\ nm$, bei einer (Wire-Taper-Moden-Konverter)-Breite von ca. 125 bis $1000\ nm$ und über eine (Wire-Taper-Moden-Konverter)-Länge von ca. $800\ nm$ dargestellt. In Abbildung 6.3(a) sind links bzw. rechts im Plot die einzeln angeregten Eingenmoden bei der (Wire-Taper-Moden-Konverter)-Länge von $125\ nm$ bzw. $800\ nm$ beschriftet. Die Beschriftung gilt ebenfalls für die weiteren Plots, siehe Abbildung 6.3(b)-(e). Der Grund für die Darstellung der fünf Plots der simulierten Eingenmoden bei allen Silizium-Schichtdicken von $H_{Si} = 160$-$240\ nm$ ist zu veranschaulichen, wie die (Wire-Taper-Moden-Konverter)-Breite, ab der die angeregte TM_{00}^{ein} in TE_{10}^{aus}-Mode übergeht, mit steigender Silizium-Dicke, größer wird. Während bei einer Silizium-Dicke $H_{Si} = 160\ nm$ der TM_{00}^{ein}-TE_{10}^{aus}-Mode-Übergang bereits bei einer (Wire-Taper-Moden-Konverter)-Breite von $\approx 550\ nm$ stattfindet, findet dieser Übergang bei einer $H_{Si} = 240\ nm$ erst bei einer (Wire-Taper-Moden-Konverter)-Breite von $\approx 685\ nm$ statt. Bei gleich bleibender (Wire-Taper-Moden-Konverter)-Länge, wie es in den Plots der Fall ist, verkürzt sich dadurch die Länge in der TM_{00}^{ein}-TE_{10}^{aus}-Mode-Übergang stattfindet. In dieser Masterarbeit wird die TM_{00}^{ein}-TE_{10}^{aus}-

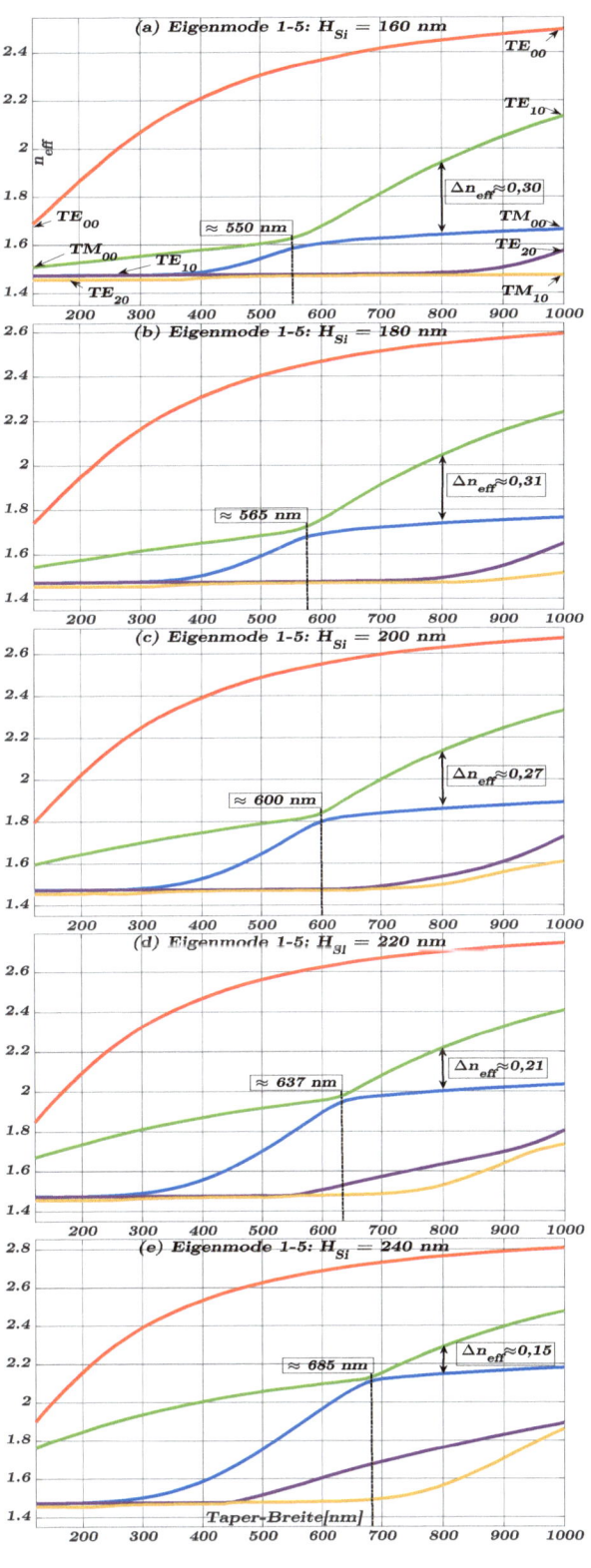

Abbildung 6.3: Eigenmode 1-5

Mode-Übergangslänge effektive (Wire-Taper-Moden-Konverter)-Länge, L_{mc}^{eff} und der Taper, in dem aus der TM_{00}^{ein} übergegangene TE_{10}^{aus}-Mode sich ausbreitet, effektiver Taper genannt. Bei gleichen W_1, W_2 und L_{mc} jedoch mit unterschiedlichen $H_{Si} = 160\text{-}240\ nm$ breitet sich die TE_{10}^{aus}-Mode in unterschiedlichen effektiven Tapern aus. Je größer die für die TE_{10}^{aus}-Mode-Übergangsbreite wird und je kleiner dadurch die effektive Länge L_{mc}^{eff} wird, um so mehr wird beim effektiven Taper die adiabatische Bedingung verstellt, siehe Abbildung 6.4.

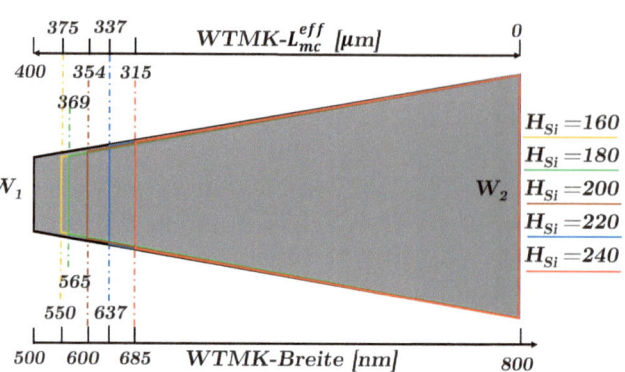

Abbildung 6.4: L_{mc}^{eff} und daraus resultierender effektiver Taper für H_{Si}=160-240 nm

L_{mc}^{eff} erklärt die steigende (Wire-Taper-Moden-Konverter)-Mindestlänge, $L_{mc}(T_{10}^{99\%})$, bei der eine fast vollständige TM_{00}^{ein}-TE_{10}^{aus}-Moden-Konversion gewährleistet wird, und ebenfalls die steigenden nicht in TE_{10}^{aus}-Mode konvertierten TM_{00}^{ein}-Anteile ($TM_{00}^{aus}[\%]$), bei gleichen $W_1 = 500\ nm$ und $W_2 = 800 nm$ jedoch mit steigender $H_{Si} = 160\text{-}240\ nm$, aus Tabelle 6.1($a_1$)-($e_5$). Die Änderungen in der (Wire-Taper-Moden-Konverter)-Breite, $W_1 = 500 \pm 20\ nm$ und $W_2 = 800 \pm 20\ nm$, können je nach Herstellungsfehler-Kombinationen die L_{mc}^{eff} verlängern bzw. verkürzen. Das erklärt die unterschiedlichen (Wire-Taper-Moden-Konverter)-Mindestlänge, $L_{mc}(T_{10}^{99\%})$ bei der gleichen H_{Si}.

Bei einer (Wire-Taper-Moden-Konverter)-Breite von $500\ nm$ bzw. $800\ nm$, die die W_1 bzw. W_2 bei den im Experiment gemessenen Polarisationsteiler entspricht, zeigen Abbildungen 6.3(a)-(e) eine Vergrößerung bzw. Verkleinerung der effektiven Brechungsindex -Differenz, Δn_{eff}, zwischen TM_{00}- und TE_{10}-Eigenmoden mit steigender H_{Si} von 160-240 nm. Die Δn_{eff} ist bei HSi = 160 nm doppelt so groß wie die bei HSi = 240, siehe Abbildung 6.3(a) und (f). Die kleine Δn_{eff} erklärt die großen Abweichungen in der TM_{00}^{aus}-Transmission von bis 16%(entsprechend normierte Leistungsschwankungen von ca. -8 dB) unter allen Herstellungskombination bezüglich der (Wire-Taper-Moden-Konverter)-Breite von W_1 bzw. W_2. Das liegt daran, dass bei HSi = 240 nm die TM_{00}- und TE_{10}-Eigenmoden nah übereinander liegen($\Delta n_{eff} \approx 0{,}15$) und die L_{mc}^{eff} vergleichsweise für $L_{mc} = 400\ \mu m$ gering ist um die (Wire-Taper-Moden-Konverter)-Breitenabweichungen zu kompensieren. Dagegen sind die Abweichungen in der TM_{00}^{aus}-Transmission viel kleiner und liegen unter 0,022% unter allen Herstellungskombination bei gleicher HSi und L_{mc}. Das liegt daran, dass bei HSi = 160 nm die TM_{00}- und TE_{10}-Eigenmoden doppelt so weit übereinander liegen($\Delta n_{eff} \approx 0{,}30$) und die L_{mc}^{eff} vergleichsweise für $L_{mc} = 400\ \mu m$ groß genug ist, um die gleichen (Wire-Taper-Moden-Konverter)-Breitenabweichungen zu kompensieren, siehe Tabelle 6.1(a_1)-(a_4) mit (e_1)-(e_4). Damit der Einfluss der Herstellungsfehlerkombinationen auf der TM_{00}^{aus}-Transmission $< 2\%$ bleibt bzw. stets eine TE_{10}^{aus}-Mode $\geq 98\%$, bei $W_1 = 500 \pm 20\ nm$, $W_2 = 800 \pm 20\ nm$, $L_{mc} = 400 \pm 20\ \mu m$ und für eine bestimmte Silizium-Dicke im Bereich von $H_{Si} = 200 \pm 20\ nm$, gewährleistet wird, wird in dieser Masterarbeit, aus den in Tabelle 6.1 aufgelisteten Simulationsergebnisse und den Plots der Eingenmoden bei $H_{Si} = 160\text{-}240\ nm$, eine Ungleichung zwischen der effektiven Brechungsindex-Differenz Δn_{eff} bei $W_2 = 800\ nm$ und dem bereits definierten Brechungsindexkontrast $\Delta(n_{SiO_2}/n_{Si}) \approx 0{,}414$(siehe Siete 5) ein weiterer (Wire-Taper-Moden-Konverter)-Entwurfsbedingung vorgeschlagen, die beim Erfüllen der im vorherigen Unterkapitel vorgeschlagenen drei (Wire-Taper-Moden-Konverter)-

Entwurfsbedingungen ebenfalls erfüllt ist:

$$\Delta n_{eff} \geq 0,27 \qquad (7)$$

Bei $H_{Si} = 220\ nm$ kann die Ungleichung 7 in Abhängigkeit von Brechungsindexkontrast $\Delta(n_{SiO_2}/n_{Si})$ mit einem Vorfaktor umgestellt werden:

$$\Delta n_{eff} \geq 0,65 \cdot \Delta(n_{SiO_2}/n_{Si}) \qquad (8)$$

Um die Ungleichung 7 bzw. 8 zu erfüllen, erfordert dies die Vergrößerung der (Wire-Taper-Moden-Konverter)-Breite W_2 von 800 auf 900 nm, siehe Abbildung 6.3(d). Es wird angenommen, dass dadurch die L_{mc}^{eff} lang genug wird und die TM_{00}-TE_{10}-Brechungsindex-Differenz groß genug wird, um den Einfluss der oben genannten Herstellungsfehler-Kombinationen auf weniger als 2% für die TM_{00}^{aus}-Transmission zu unterdrücken. Um dies zu erreichen, muss die (Wire-Taper-Moden-Konverter)-Breite W_2, bei $H_{Si} = 240\ nm$, von 800 auf viel mehr als 1000 nm erhöht werden, siehe Abbildung 6.3(e). Die Erhöhung der W_2 bei den beiden $H_{Si} = 220$ und 240 nm ist deswegen unerwünscht, weil die TE_{20} und die TM_{10} dadurch größer sind und am oberen Arm des adiabatischen direktionalen Kopplers angeregt werden. Des weiteren tragen solche (Wire-Taper-Moden-Konverter)-Breiten von W_2 viel größer als 800 nicht dazu bei den Polarisationsteiler-Entwurf kompakt zu halten.

Herstellungsfehler-Kompensation bezüglich: H_{Si}, W_1, W_2				
H_{Si}, W_1, W_2 [nm]			L_{mc} [μm]:	L_{mc}^{eff} & L_{mc}^{min}
H_{Si}	W_1	W_2		[μm]
160	a_1 500	800	$\geq$ 156,641	$L_{mc}^{eff}(a_1) \approx 375$
	a_2 500+20	800+20	$\geq$ 164,754	
	a_3 500-20	800-20	$\geq$ 160,742	
	a_4 500-20	800+20	$\geq$ 164,844	$L_{mc}^{min}(a_1\text{-}a_5) \approx 0{,}44\cdot L_{mc}^{eff}(a_1) + 20$
	a_5 500+20	800-20	$\geq$ 136,133	
180	b_1 500	800	$\geq$ 182,031	$L_{mc}^{eff}(b_1) \approx 369$
	b_2 500+20	800+20	$\geq$ 201,563	
	b_3 500-20	800-20	$\geq$ 193,750	
	b_4 500-20	800+20	$\geq$ 216,992	$L_{mc}^{min}(b_1\text{-}b_5) \approx 0{,}59\cdot L_{mc}^{eff}(b_1) + 20$
	b_5 500+20	800-20	$\geq$ 158,594	
200	c_1 500	800	$\geq$ 465,525	$L_{mc}^{eff}(c_1) \approx 354$
	c_2 500+20	800+20	$\geq$ 457,813	
	c_3 500-20	800-20	$\geq$ 465,625	
	c_4 500-20	800+20	$\geq$ 356,250	$L_{mc}^{min}(c_1\text{-}c_5) \approx 1{,}32\cdot L_{mc}^{eff}(c_1) + 20$
	c_5 500+20	800-20	$\geq$ 262,500	
220	d_1 500	800	$\geq$ 575,110	$L_{mc}^{eff}(d_1) \approx 337$
	d_2 500+20	800+20	$\geq$ 590,625	
	d_3 500-20	800-20	$\geq$ 575,000	
	d_4 500-20	800+20	$\geq$ 641,406	$L_{mc}^{min}(d_1\text{-}d_5) \approx 1{,}90\cdot L_{mc}^{eff}(d_1) + 20$
	d_5 500+20	800-20	$\geq$ 535,938	
240	e_1 500	800	$\geq$ 727,344	$L_{mc}^{eff}(e_1) \approx 315$
	e_2 500+20	800+20	$\geq$ 711,719	
	e_3 500-20	800-20	$\geq$ 770,313	
	e_4 500-20	800+20	n.a.	$L_{mc}^{min}(e_1\text{-}e_5) \geq 4\cdot L_{mc}^{eff}(e_1)$
	e_5 500+20	800-20	n.a.	

Tabelle 6.2: Simulationsergebnisse zu der effektiven und der dazu gehörigen Taper-Mindestlänge bei jeder Silizium-Dicke für eine fast vollständige $TM_{00}^{ein} \rightarrow TE_{10}^{aus}$-Moden-Konversion

6.2.2 EPIC-Herstellungstoleranzen

In diesem Unterkapitel geht es darum, die Einflüsse der EPIC- Herstellungstoleranzen auf die TM_{00}^{ein}-TE_{10}^{aus}-Moden-Konversion darzustellen. Dafür werden die Wire-Taper-Moden-Konverter (WTMK)-Parameter aus Tabelle 6.1 genommen, die ungünstigsten Herstellungsfehler -Kombinationen abbilden. Grund dafür ist, zu überprüfen, ob die in dieser Masterarbeit vorgeschlagenen Entwurfsbedingung unter ungünstigsten Umständen der Herstellungsfehler-Kombinationen bei der Silizium-Dicke von $H_{Si} \pm 20$ nm, W_1 bzw. $W_2 \pm 20$ nm durch die Auswahl der richtigen Silizium-Dicke, H_{Si} und die (Wire-Taper-Moden-Konverter)-Länge, L_{mc} ebenfalls die EPIC- Herstellungstoleranzen kompensieren können. Tabelle 6.3 zeigt die Simulationsergebnisse der (Wire-Taper-Moden-Konverter)-Parameter mit den ungünstigsten Herstellungsfehler- Kombinationen aus Tabelle 6.1 mit dem zusätzlichen Einfluss der möglichen Herstellungsfehler -Kombinationen des EPIC-Prozesses. Hierfür werden die zusätzlich zu den ungünstigsten Herstellungsfehler-Kombinationen bezüglich der Silizium-Dicke und Taper-Breiten aus Tabelle 6.1 zu den EPIC-Dünnschichten, mit dem gleichen Brechungsindex, Parameterabweichungen von $(L_3,L_5) \pm 2$ nm und $(L_4,L_6) \pm 20$ nm simuliert.

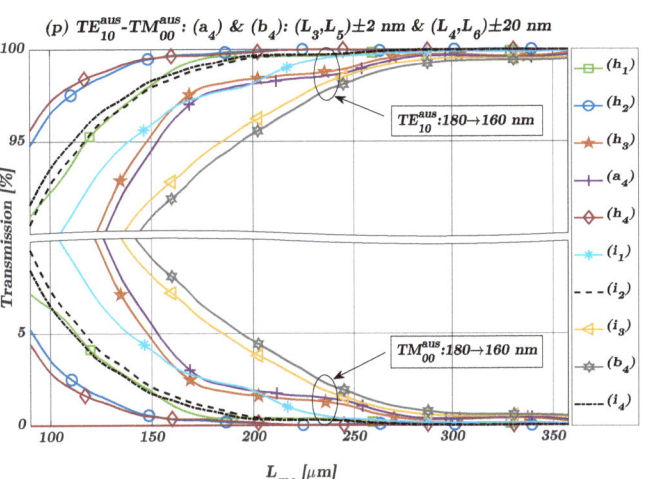

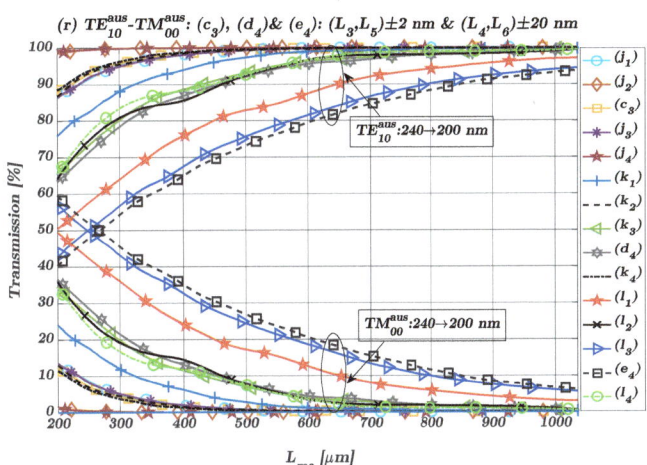

Abbildung 6.5: $(L_3),(L_5) \pm 2$ nm & $(L_4),(L_6) \pm 20$ nm: (p) H_{Si}=160-180 & (r) H_{Si}=200-240 nm

Die größten Einflüsse der Herstellungsfehler-Kombinationen von EPIC-Dünnschichten und die ungünstigsten Herstellungsfehler-Kombinationen der Taper-Dicke sind ebenfalls bei der Silizium-Dicke von $H_{Si} = 220$ bzw. 240 nm. Die nicht in TE_{10}^{aus}- konvertierten TM_{00}^{ein}-Mode können erhöhte Werte erreichen. Bei einer Silizium-Dicke von 240 nm zeigen die Simulationsergebnisse unter den ungünstigsten Einflüssen Herstellungsfehler-Kombinationen bezüglich der Taper-Breien von W_1 - 20 & W_2 + 20 nm mit den zusätzlichen ungünstigsten Herstellungsfehler-Kombinationen bezüglich der EPIC-Dünnschichten von $(L_3,L_5) \pm 2$ nm und $(L_4,L_6) \pm 20$ nm nicht konvertierte TM_{00}^{ein}-Mode-Anteil von ca. 27 % bei einer (Wire-Taper-Moden-Konverter)-Länge von $L_{mc} = 400$ -20 μm und über 12 % bei $L_{mc} = 800$ -20 μm, siehe 6.3(l_4). Die Messergebnisse zeigen, dass die Unterschiede des nicht konvertierten TM_{00}^{ein}-Mode-Anteils bei einer Silizium-Dicke H_{Si} von 240 nm, unter den Einflüssen der günstigsten bzw. ungünstigsten Herstellungsfehler der EPIC-Dünnschichten, zwischen ca. 11 % und 37 % schwanken können. Dies ist ein weiterer Grund dafür eine Silizium-Dicke, $H_{Si} = 240$ nm beim Polarisationsteiler-Entwurf zu vermeiden.

Die ungünstigsten Herstellungsfehler-Kombinationen aus Tabelle 6.1(d_1-d_4) bei der Silizium-Dicke, H_{Si} = 220 nm haben nicht verhindert eine TM_{00}^{ein}-TE_{10}^{aus}-Moden-Konversion von über 99 %($T_{10}^{99\%}$)zu erreichen. Bei zusätzlichen Herstellungskombinationen in den EPIC-Dünnschichten kann eine TM_{00}^{ein}-TE_{10}^{aus}-Moden-Konversion von über 99 %($T_{10}^{99\%}$) mit einer (Wire-Taper-Moden-Konverter)-Länge bis 1000 μm nicht erreicht werden, siehe Tabelle 6.3(k_3). Die Unterschiede der nicht konvertierten TM_{00}^{ein}-Mode-Anteil können bei der Silizium-Dicke, H_{Si} = 220 nm, unter den Einflüssen der günstigsten bzw. ungünstigsten Herstellungsfehler der EPIC-Dünnschichten, zwischen 1 % und 14 % schwanken. Dies ist ein weiterer Grund dafür die Silizium-Dicke, H_{Si} = 220 nm beim Polarisationsteiler-Entwurf zu vermeiden.
Die ungünstigsten Herstellungsfehler-Kombinationen treten auf, wenn die Parameterabweichungen im Bereich von (L_3,L_5)+ 2 nm und (L_4,L_6) - 20 nm, siehe 6.3.

Das erfüllen der in dieser Masterarbeit vorgeschlagenen Entwurfsbedingungen können bei einer Silizium-Dicke, H_{Si} von ± 180 nm ebenfalls Herstellungsfehler-Kombinationen bezüglich der EPIC-Dünnschichten von (L_3,L_5)± 2 nm und (L_4,L_6) ± 20 nm unter der ungünstigsten Herstellungsfehler-Kombinationen, die in oben genannten Bereich der Silizium-Dicke bezüglich W_1 - 20 & W_2 + 20 nm, mit einer (Wire-Taper-Moden-Konverter)-Mindeslängen, L_{mc}^{min}(H_{Si}=220nm)≈ 1,32·L_{mc}^{eff}(H_{Si}) = 220nm) + 20 μm kompensieren. Die + 20 μm dient als Puffer um Mindeslänge-Herstellungsfehler von - 20 μm zu kompensieren.

Taper-Performanz mit Herstellungstoleranzen bezüglich: H_{Si}, H_{SiO_2}, $H_{Si_3N_4}$ & L_{mc}					
H_{Si}, H_{SiO_2}, $H_{Si_3N_4}$ [nm]:			$L_{mc}[\mu m]$:	$TM_{00}^{aus}[\%]$: $L_{mc}^{400} \mp 20$ & $L_{mc}^{800} \mp 20$ $[\mu m]$	
H_{Si}		H_{SiO_2}	$H_{Si_3N_4}$	$TE_{10}^{99\%}$	$-20/L_{mc}^{400}/+20$	$-20/L_{mc}^{800}/+20$
160 (a₄)	a₄	20	80	≥ 164,844	≤ 0,051	≤ 0,060
	h₁	20+2	80+20	≥ 137,305		
	h₂	20-2	80-20	≥ 249,609		
	h₃	20-2	80+20	≥ 256,348		
	h₄	20+2	80-20	≥ 132,813		
180 (b₄)	d₄	20	80	≥ 216,992	≤ 0,174	≤ 0,086
	i₁	20+2	80+20	≥ 179,980		
	i₂	20-2	80-20	≥ 260,840		
	i₃	20-2	80+20	≥ 272,070		
	i₄	20+2	80-20	≥ 170,996		
200 (c₃)	c₃	20	80	≥ 465,625	2,160/1,728/1,364	≤ 0,132
	j₁	20+2	80+20	≥ 217,578	0,046/0,0318/0,014	
	j₂	20-2	80-20	≥ 442,578	1,8143/1,512/1,252	
	j₃	20-2	80+20	≥ 467,188	2,203/1,925/1,633	
	j₄	20+2	80-20	≥ 207,031	0,016/0,0273/0,015	
220 (d₄)	d₄	20	80	≥ 641,406	6,767/6,011/5,115	0,426/0,379/0,332
	k₁	20+2	80+20	≥ 438,281	1,857/1,491/1,176	0,008/0,006/0,005
	k₂	20-2	80-20	≥ 903,125	12,267/11,322/10,377	1,7082/1,566/1,387
	k₃	20-2	80+20	n.a.	14,058/12,927/11,805	2,105/1,934/1,803
	k₄	20+2	80-20	≥ 422,656	1,465/1,232/0,990	0,058/0,068/0,0712
240 (e₄)	e₄	20	80	n.a.	25,690/23,946/22,363	6,067/5,839/5,471
	l₁	20+2	80+20	n.a.	15,093/14,289/13,096	1,874/1,821/1,766
	l₂	20-2	80-20	n.a.	34,424/32,319/30,287	10,468/9,870/9,316
	l₃	20-2	80+20	n.a.	36,936/34,720/32,718	12,233/11,578/10,971
	l₄	20+2	80-20	≥ 657,031	12,199/11,652/11,071	1,048/1,020/1,028

Tabelle 6.3: Simulationsergebnisse zu den Einfluss der Herstellungsfehler-Kombinationen von EPIC-Schichten: $(L_3, L_5) \pm 2$ nm und $(L_4, L_6) \pm 20$ nm auf der Moden-Konversion: $TM_{00}^{ein} \to TE_{10}^{aus}$-Mode.

6.3 Symmetrie und Asymmetrie am Rippen-Taper-Moden-Konverter

Im ursprünglichen Design des Rippen-Taper-Moden-Konverters ist der Slab unterhalb des Tapers so verbaut, dass die gleiche Rippen-Länge symmetrisch von der Anfangsbreie W_1 bis zur Rippen-Breite W_6 und von der Rippen-Breite bis zur Endbreite W_2 dimensioniert ist, siehe Abbildung 6.6(a).

Ziel in diesem Unterkapitel ist es, die Performanz eines asymmetrischen Rippen-Taper-Moden-Konverters ohne und mit der eines symmetrischen Rippen-Taper-Moden-Konverters zu vergleichen. Die Performanz der asymmetrischen Dimensionierung wird mit einem Faktor $\frac{1}{3}$ vor bzw. nach der Rippen-Breite W_6 simuliert.

Abbildung 6.6(b) zeigt die konvertierte TE_{10}^{aus}-Mode und nicht konvertierte TM_{00}^{aus}-Mode an der Endbreite W_2 bei einer angeregten TM_{00}^{ein} an der Anfangsbreite W_1 jeweils bei der gesamten Länge des Rippen-Taper-Moden-Konverters. Die Simulationskurven stellen eine bessere Performanz bei einem asymmetrischen Entwurf mit einer gesamten Länge L_{rc} vom 40

μm verglichen mit der Performanz des ursprüngliches Entwurfes mit einer gesamten Länge L_{rc} vom 45 μm dar.

Es ist wichtig hierbei, dass die kurze Länge ($\frac{1}{3}L_{rc}$) nach der Rippen-Breite W_6 dimensioniert wird. Da an der Rippen-Breite W_6 die vollständige Moden-Konversion statt findet. Eine kurze Länge ($\frac{1}{3}L_{rc}$) vor der Rippen-Breite W_6 wird die Performanz verschlechtern und eine vollständige Moden-Konversion bei einer gesamten Länge von $L_{rc} > 80$ μm ermöglichen.

Aus den Simulationsergebnissen wird die Dimensionierung des Rippen-Taper-Moden-Konverters mit L_{rc}-$\frac{1}{3}L_{rc}$ und somit eine gesamte Länge von $\frac{4}{3}L_{rc}$ als Optimierungsentwurf vorschlagen und in den weiteren Simulationen dieser Masterabeit verwendet.

Hinweis: Die durchgezogene Linie bei 0% in Abbildung 6.6(b) stellt die TE_{00}^{aus}-Mode an der Endbreite W_2 bei einer angeregten TM_{00}^{ein}-Mode an der Anfangsbreie W_1 dar.

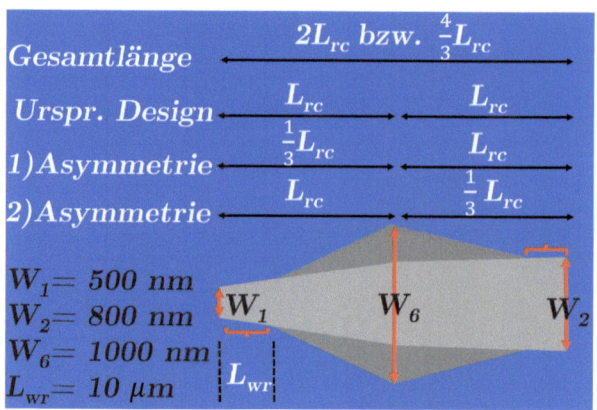

(a) Urspr. und Asymmetrische Design-Dimensionierung

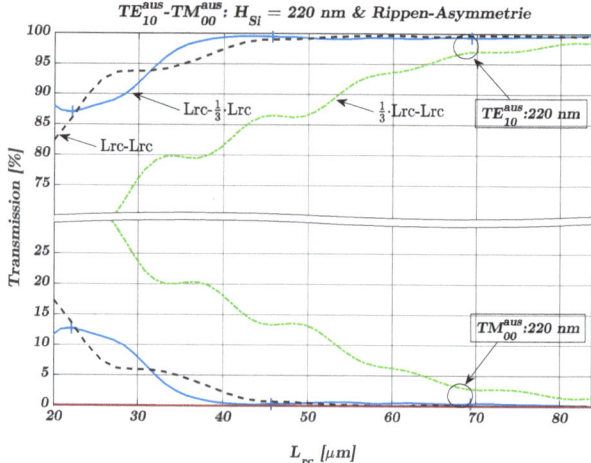

(b) Urspr. und Asymmetrische Design-Performanz

Abbildung 6.6: Symmetrie und Asymmetrie am Rippen-Taper-Moden-Konverter bei H_{Si}=220 nm

6.4 Herstellungstoleranzen am Rippen-Taper-Moden-Konverter

Bei einer vollständigen TM_{00}^{ein}-TE_{10}^{aus}-Moden-Konversion am (Rippen-Taper-Moden-Konverter) sind geringe $TM_{00}^{ein}(||)$ zu erwarten. Die $TM_{00}^{ein}(||)$-Mode-Messergebnisse von Polarisationsteiler»PS1« bzw. »PS2« zeigen bei bestimmten Wellenlängen jedoch eine höhere $TM_{00}^{ein}(||)$-Mode- und geringere $TE_{00}^{aus}(X)$-Mode-Leistungswerte(nach dem Abzug der Gitterfunktion), siehe 5.16. Daraus lässt sich schließen, dass die TM_{00}^{ein}-TE_{10}^{aus}-Moden-Konversion für diese Wellenlänge nur teilweise funktioniert, da die $TE_{00}^{aus}(X)$-Mode am unteren Arm des adiabatischen direktionalen Kopplers erst angeregt werden, wenn die TM_{00}^{ein} in TE_{10}^{aus}-Mode konvertiert wird und die TE_{10}^{aus}-Mode am unteren Arm des adiabatischen direktionalen Kopplers gekoppelt wird. Die Gründe für diese unvollständige TM_{00}^{ein}-TE_{10}^{aus}-Moden-Konversion und damit verbundenen höheren $TM_{00}^{ein}(||)$-Mode-Messergebnisse, können Herstellungstoleranzen bei der Beschichtung der verwendeten Polarisationsteiler sein.

Die gesamte Silizium-Dicke, H_{Si} eines Rippen-Taper-Moden-Konverters besteht aus einer Slab-Dicke, H_{Sl} und einer Taper-Moden-Konverter-Dicke, H_{Ta}, siehe Abbildung 6.7. Der Taper-Moden-Konverter ist analog wie beim (Wire-Taper-Moden-Konverter) mit der Anfang- W_1 und der Endbreite W_2 verbaut. Unter dem Taper-Moden-Konverter wird der Slab so verbaut, dass der Slab eine Rippen-Form zum Taper-Moden-Konverter ergibt. In diesem Unterkapitel werden die Simulations-

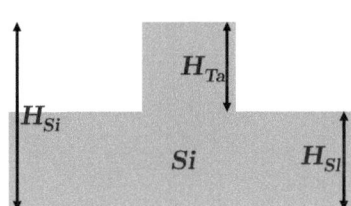

Abbildung 6.7: H_{Si}, H_{Sl} und H_{Ta} am RTMK

ergebnisse der (Rippen-Taper-Moden-Konverter)-Performanz mit einer angeregten TM_{00}^{ein}-Mode präsentiert. Laut Herstellungsangaben der bereits vorhandenen (Rippen-Taper-Moden-Konverter) liegt die beschichtete Silizium-Dicke bei $H_{Si} = 220\ nm$, daher werden die Simulationsergebnisse bei der Silizium-Dicke, $H_{Si} = 220\ \pm 20 nm$ durchgefühlt. Bei jeder Silizium-Dicke, H_{Si} wird die (Rippen-Taper-Moden-Konverter)-Performanz ebenfalls bei einer Slab-Dicke, $H_{Sl} = 100\ \pm 20 nm$ untersucht. Die Untersuchung findet unter den ungünstigsten Herstellungstoleranzen-Kombinationen bezüglich der Anfangs- W_1 und der Endbreite W_2, entnommen aus Tabelle 6.1, untersucht.

Ziel dieser Untersuchung ist es, anhand der Simulationsergebnisse einen (Rippen-Taper-Moden-Konverter) mit $H_{Si} = 220\ nm$ mit einer geeigneten Länge zu entwerfen, der alle Herstellungstoleranzen-Kombinationen bezüglich der Anfangs- W_1, der Endbreite W_2, der Silizium-Dicke H_{Si}, der Slab-Dicke, H_{Sl} und der Taper-Dicke, H_{Ta} kompensieren kann.

In Tabelle 6.4 sind Simulationsergebnisse bei einer Wellenlänge $\lambda = 1585\ nm$ zu diesen Herstellungstoleranzen-Kombinationen aufgelistet. Hierbei wird bei jeder Herstellungstoleranzen-Kombination die (Rippen-Taper-Moden-Konverter)-Mindestlänge ($L_{rc}[\mu m]$), bei der eine TM_{00}^{ein}-TE_{10}^{aus}-Moden-Konversion von mehr als 99% ($TE_{10}^{99\%}$) abgebildet. Des weiteren wird die Transmission der TM_{00}^{ein}-Mode an der Endbreite des Rippen-Taper-Moden-Konverters($TM_{00}^{aus}[\%]$) bei $L_{rc} = 100\ \mu m$ und $L_{rc} = 400\ \mu m$ aufgelistet. Diese Werte bilden die nicht konvertierten TM_{00}^{ein}-Moden bei diesen Längen ab. Die beiden L_{rc}-Längen 100 und 400 μm sind aus dem bereits vorhanden Entwurf des Rippen-Taper-Moden-Konverters entnommen.

Da die (Wire-Taper-Moden-Konverter)-Performanz ebenfalls durch die (Wire-Taper-Moden-Konverter)-Breiten und -Längen beeinflusst wird, wird der Einfluss möglicher Herstellungstoleranzen auf den (Rippen-Taper-Moden-Konverter) bezüglich der Anfangs- W_1 und der Endbreite W_2 von $\pm\ 20\ nm$ bei einer Wellenlänge $\lambda = 1585\ nm$ simuliert. Hierbei wird angenommen, dass die ungünstigsten Herstellungstoleranzen-Kombinationen bezüglich der Anfangs- und Endbreite in einem (Wire-Taper-Moden-Konverter) ohne Slab, ebenfalls die ungünstigste Performanz in einem (Rippen-Taper-Moden-Konverter) liefert. Deswegen werden die Parameter aus Tabelle 6.1 mit der ungünstigsten Performanz bei der Silizium-Dicke, H_{Si} = 220 ±20nm genommen und mit einer Slab-Dicke von H_{Sl} = 100 ±20nm simuliert, siehe Tabelle 6.4.

Rippen-Taper mit Herstellungstoleranzen bezüglich: H_{Si}, H_{Sl}, H_{Ta} & L_{rc}					
H_{Si}, H_{Sl} & H_{Ta} [nm]:			$L_{rc}[\mu m]$:	$TM_{00}^{aus}[\%]$: $L_{rc}^{100} \mp 20$ & $L_{rc}^{400} \mp 20$ [μm]	
H_{Si}		H_{Sl}	H_{Ta}	$TE_{10}^{99\%}$	-20/L_{rc}^{100}/+20	-20/L_{rc}^{400}/+20
200 (c_3)	m_1	100	100	≥ 59,434	1,095/0,337/0,082	≤ 0,073
	m_2	100+20	80	≥ 119,284	3,365/3,129/0,778	
	m_3	100-20	120	≥ 56,940	0,135/0,123/0,014	
220 (d_4)	s_1	100	120	≥ 39,484	0,168/0,128/0,020	≤ 0,136
	s_2	100+20	100	≥ 28,262	0,186/0,064/0,175	
	s_3	100-20	140	≥ 94,346	2,180/0,414/0,270	
240 (e_4)	t_1	100	140	≥ 88,112	1,486/0,302/0,054	≤ 0,147
	t_2	100+20	120	≥ 104,321	1,563/0,822/0,502	
	t_3	100-20	160	≥ 220,281	18,840/10,268/5,855	

Tabelle 6.4: Simulationsergebnisse zum Einfluss der Herstellungstoleranzen-Kombinationen von H_{Si}, H_{Sl} und H_{Ta} ± 20 nm auf die Moden-Konversion: $TM_{00}^{ein} \rightarrow TE_{10}^{aus}$-Mode.

Ziel dieser Vorgenweise ist es, aus den Simulationsdaten eine (Wire-Taper-Moden-Konverter)-Länge festzulegen, bei der die ungünstigsten Einflüsse der Anfangs-, und Endbreite, Taper-Dicke und Slab-Dicke bei einer Silizium-Dicke von H_{Si} = 220 nm ± 20 nm zu kompensieren und eine fast vollständige Moden-Konversion zu realisieren werden können. Um dies zu erreichen, reicht es eine (Wire-Taper-Moden-Konverter)-Länge von L_{rc} = 220 μm + 20 μm aus. Die + 20 μm kompensieren die mögliche Herstellungstoleranzen bezüglich der Länge von - 20 μm. Die Simulationsdaten zeigen ebenfalls, dass die günstigsten Herstellungstoleranzen-Kombinationen ist bei einer Silizium-Dicke von H_{Si} = 220 nm, einer Slab-Dicke von H_{Sl} = 120 nm und einer Taper-Dicke von H_{Sl} = 100 nm zu finden sind. Bei diesen Parametern reicht

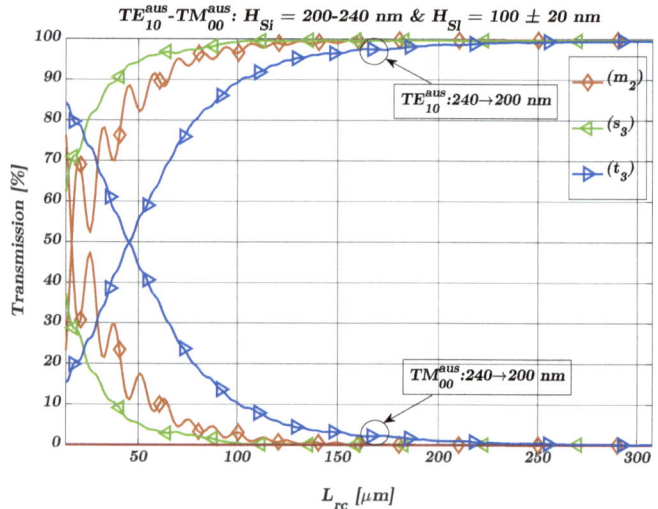

Abbildung 6.8: Die (Wire-Taper-Moden-Konverter)-Performanz bei den ungünstigsten Herstellungstoleranzen-Kombinationen bei H_{Si} = 220 nm ± 20 nm

es eine eine (Wire-Taper-Moden-Konverter)-Länge von L_{rc} = 28 μm + 20 μm aus um eine fast vollständige Moden-Konversion zu gewährleisten, siehe Tabelle 6.4. Abbildung 6.8 zeigt die (Wire-Taper-Moden-Konverter)-Performanz bei den ungünstigsten Herstellungstoleranzen-Kombinationen bei einer Silizium-Dicke von $H_{Si} = 220\ nm \pm 20\ nm$. Die Simulationsdaten eines (Wire-Taper-Moden-Konverter) ohne Slab zeigten bei einer Silizium-Dicke von $H_{Si} = 240\ nm$ unter den ungünstigsten Herstellungstoleranzen -Kombinationen keine vollständige Monden-Konversion innerhalb einer (Wire-Taper-Moden-Konverter)-Länge L_{mc} von 1000 μm. Dagegen ermöglicht der Slab in einem (Rippen-Taper-Moden-Konverter) bei einer gesamten Silizium-Dicke von ebenfalls $H_{Si} = 240\ nm$ eine fast vollständige Moden-Konversion, unter allen Herstellungstoleranzen -Kombinationen innerhalb einer (Rippen-Taper-Moden-Konverter)-Länge L_{rc} von ca. 220 μm, verkürzt bei der Silizium-Dicke von $H_{Si} = 220\ nm$ um mehr als 600 μm und reduziert die nicht konvertierten TM-Moden von über 25 % auf weniger als 0,14 % bei einer gesamten Taper-Länge von 400 μm, verglichen mit den Simulationsdaten in Tabelle 6.4 und 6.1 bei einer Silizium-Dicke von $H_{Si} = 220\ nm \pm 20\ nm$.

6.4.1 EPIC-Herstellungstoleranzen am Rippen-Taper-Moden-Konverter

In diesem Unterkapitel wird der Einfluss der EPIC-Herstellungstoleranzen auf die Performanz der TM_{00}^{ein}-TE_{10}^{aus}-Moden-Konversion des Rippen-Taper-Moden-Konverters (RTMK) dargestellt. Des weiteren sollen die Simulationsergebnisse zeigen, ob die gesamte RTMK-Länge von 220 +20 μm ausreichend ist, um (zusätzlich zu den im vorherigen Unterkapitel in Tabelle 6.4 dargestellten Herstellungstoleranzen) ebenfalls die EPIC-Herstellungstoleranzen zu kompensieren.

Tabelle 6.5 zeigt, dass eine gesamte RTMK-Länge von 220 +20 μm Herstellungstoleranzen bezüglich der Anfangs- und Endbreite, der Slab-Dicke, der Silizium-Dicke von $\pm\ 20\ nm$ und der EPIC-Schichten von $\pm\ 2\ nm$ bzw. $\pm\ 20\ nm$ kompensieren kann. Wie bei den vorherigen Untersuchungen in dieser Masterarbeit, werden die Parameter mit den ungünstigsten Herstellungstoleranzen aus Tabelle 6.4 genommen, um den Einfluss der EPIC-Herstellungstoleranzen auf die Rippen-Taper-Moden-Konverter-Performanz zu simulieren und die gesamte RTMK-Länge von 220 +20 μm auf Kompensation aller bereits erwähnten Herstellungstoleranzen und ihre Kombinationen zu untersuchen.

Die RTMK-Länge von 220 +20 μm soll so unterteilt werden, dass die Länge von der Anfangsbreite W_1 bis zur Rippen-Breite W_6 auf ca. 180 μm und von W_6 bis zur Endbreite W_1 auf ca. 60 μm dimensioniert wird. In einem Wire-Taper-Moden-Konverter (ohne Slab) können die ungünstigsten EPIC-Herstellungstoleranzen -Kombinationen dazu führen, dass eine vollständige Moden-Konversion innerhalb einer WTMK-Länge von über 1000 μm bei einer Silizium-Dicke von $H_{Si} = 220$ bzw. $240\ nm$ nicht möglich ist, siehe Tabelle 6.3. Die gleichen EPIC-Herstellungstoleranzen-Kombinationen in einem Rippen-Taper-Moden-Konverter (mit Slab) und bei den gleichen Silizium-Schichtdicken lassen eine vollständige Moden-Konversion innerhalb einer RTMK-Länge von weniger als 250 μm zu und mit den günstigsten EPIC-Herstellungstoleranzen-Kombinationen kann eine vollständige Moden-Konversion mit einer RTMK-Länge von weniger als 70 μm erreicht werden, siehe Tabelle 6.5.

Rippen-Taper mit Herstellungstoleranzen bezüglich: H_{Si}, H_{SiO_2}, $H_{Si_3N_4}$ & L_{rc}					
H_{Si}, H_{SiO_2}, $H_{Si_3N_4}$ [nm]:			$L_{rc}[\mu m]$:	$TM_{00}^{aus}[\%]$: $L_{rc}^{100} \mp 20$ & $L_{rc}^{400} \mp 20\ [\mu m]$	
H_{Si}		H_{SiO_2}	$H_{Si_3N_4}$	$TE_{10}^{99\%}$	$-20/L_{mc}^{100}/+20$	$-20/L_{mc}^{400}/+20$
200 (m_2)	m_2	20	80	$\geq$ 119,284	3,365 /3,129/0,778	$\leq$ 0,127
	u_1	20+2	80+20	$\geq$ 141,728	6,915/3,073/1,402	
	u_2	20-2	80-20	$\geq$ 106,815	3,625/1,774/0,390	
	u_3	20-2	80+20	$\geq$ 144,222	6,196/4,049/1,224	
	u_4	20+2	80-20	$\geq$ 105,568	3,246/1,757/0,461	
220 (s_3)	s_3	20	80	$\geq$ 94,346	2,180/0,414/0,270	$\leq$ 0,090
	v_1	20+2	80+20	$\geq$ 110,556	3,565/1,562/0,245	
	v_2	20-2	80-20	$\geq$ 81,878	0,855/0,162/0,115	
	v_3	20-2	80+20	$\geq$ 114,296	3,888/1,983/0,378	
	v_4	20+2	80-20	$\geq$ 80,631	0,707/0,195/0,058	
240 (t_3)	t_3	20	80	$\geq$ 220,281	18,840/10,268/5,855	$\leq$ 0,147
	w_1	20+2	80+20	$\geq$ 109,309	4,954/1,557/0,312	
	w_2	20-2	80-20	$\geq$ 73,150	0,241/0,163/0,146	
	w_3	20-2	80+20	$\geq$ 116,790	6,828/2,453/0,639	
	w_4	20+2	80-20	$\geq$ 69,409	0,187/0,153/0,199	

Tabelle 6.5: Simulationsergebnisse zum Einfluss der Herstellungsfehler-Kombinationen von EPIC-Schichten: $(L_3,L_5) \pm 2\ nm$ und $(L_4,L_6) \pm 20\ nm$ auf der Moden-Konversion: $TM_{00}^{ein} \rightarrow TE_{10}^{aus}$-Mode.

7 Koppler

Die Aufgabe von dem Koppler ist, die aus dem (Wire-Taper-Moden-Konverter) bzw. (Rippen-Taper-Moden-Konverter) konvertierten TE_{10}^{aus}-Mode als TE_{00}^{aus} am unteren Arm des Kopplers zu überkoppeln und die an der Anfangsbreite W_1 angeregten TE_{00}^{ein}-Mode am oberen Arm des Kopplers durchzulassen, siehe Abbildung 7.1.

In diesem Kapitel geht es darum, das ursprüngliche Koppler-Design darzustellen und auf seine Fehlfunktion anzugehen, die als Grund für die Welligkeit der Mess- und Simulationsergebnisse am oberen und unteren Arm des Kopplers bei einer angeregten TM_{00}^{ein}-Mode, siehe beispielsweise Abbildung 5.13 und 6.1. Des weiteren wird es optimierte Koppler-Entwurf vorgeschlagen, der die Welligkeit am oberen und unteren Arm des Kopplers verhindern soll.

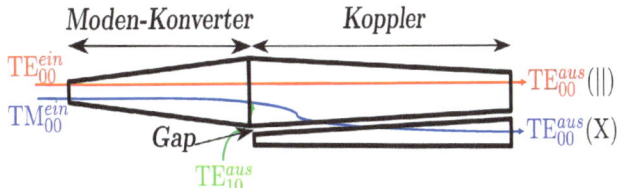

Abbildung 7.1: die Aufgabe des Kopplers

7.1 Koppler: Das ursprüngliches Design

Der Ursprüngliche Koppler-Design, der in den Chips mit der Silizium-Dicke von $H_{Si} = 220\ nm$ verbaut ist, besteht am oberen Arm aus einem Taper mit der Koppler-Anfangsbreite von $W_2 = 800\ nm$ (die Breite entspricht die Endbreite des Moden-Konverters) und eine Koppler-Endbreite von $W_3 = 600\ nm$. Um den oberen Arm des Kopplers an dem Gitterkoppler Taper-Endbreite anzupassen, ist ein weiterer mit der Endbreite $W_1 = 500\ nm$ und mit der Länge $L_{gc} = 20\ \mu m$ angeschlossen. Der untere Arm des Kopplers besteht aus einem Taper mit der Anfangsbreite von $W_4 = 300\ nm$ und mit der Endbreite von $W_1 = 500\ nm$. Um den oberen und unteren Arm des Koppler auf der gleichen Länge zu bringen, wird der untere Arm mit einem Wellenleiter der gleichen Breite W_1 und um die Länge L_{gc} verlängert. Die oberen und unteren zusätzlichen Verlängerungen sind auf Abbildung 7.2(a) dunkel markiert. Die Koppler-Länge L_{ac} ist bei den Polarisationsteiler »PS1« bis »PS5« und »PS8« 800 μm, beim Polarisationsteiler »PS6« bzw. »PS7« 400 bzw. 200 μm.

Der Hauptdesignfehler in dem verwendeten Koppler im ursprünglichen Entwurf liegt daran, dass die bereits erfolgte TM_{00}^{ein}-TE_{10}^{aus}-Moden-Konversion bei der Taper-Breite 800 nm am oberen Arm des Kopplers mit der Endbreite

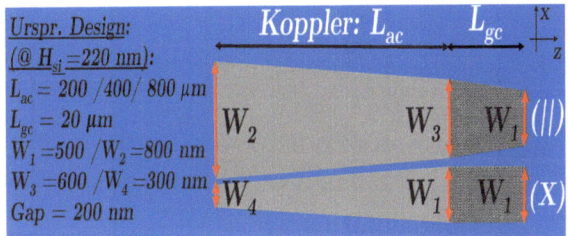

(a) das Ursprüngliche Koppler-Design

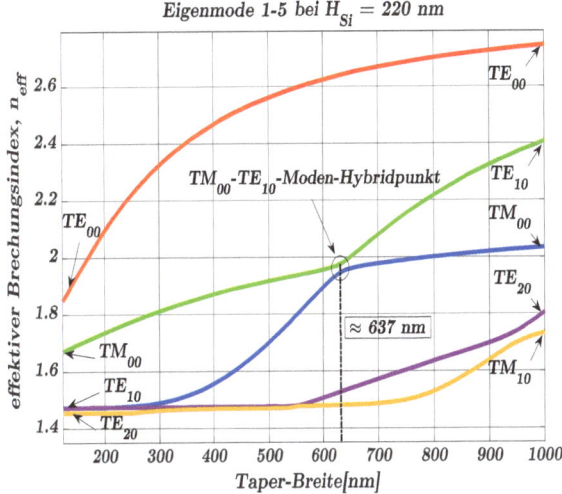

(b) Taper-Eigenmode 1-5 bei $H_{Si} = 220\ nm$

Abbildung 7.2: Designfehler vom ursprünglichen Koppler

von 600 nm wieder zum TM_{00}-TE_{10}-Moden-Hybridpunkt zurückführt wird, der bei Taper-Breite von ca. 637 nm, siehe Abbildung 7.2(b). Am Hybridpunkt haben die beiden TM_{00}-TE_{10}-Moden fast den gleichen effektiven Brechungsindex. Der gleiche effektiven Brechungsindex erklärt das reine direktionale Koppler-Verhalten, in dem die Moden Abwechselnd ihre Maxima zwischen dem oberen und unteren Arm des Kopplers ausbreiten, siehe Abbildung 5.13.

Für den Fall, dass die TM_{00}^{ein}-TE_{10}^{aus}-Moden-Konversion am Moden-Konverter nicht vollständig erfolgt werden kann, ist der effektiven Brechungsindex von der TM_{00}-Moden so groß, dass die TM_{00}-Moden am oberen Arm des Kopplers weitergeleitet werden. Dies wird die Funktionsweise des Polarisationsteilers negativ beeinflussen. Da am oberen und unteren Arm der Polarisationsteilers sollen ausschließlich TE_{00}-Moden ausgekoppelt werden.

7.2 Koppler: Das optimierte Design

In diesem Unterkapitel wird der optimierte Koppler-Entwurf für zwei Silizium-Dicken, H_{Si} = 180 und 220 nm vorgestellt.

Der Hauptdesignfehler im ursprünglichen Koppler-Entwurf, dass die bereits erfolgte TM_{00}^{ein}-TE_{10}^{aus}-Moden-Konversion bei der Taper-Breite 800 nm am oberen Arm des Kopplers mit der Endbreite von 600 nm wieder zum TM_{00}-TE_{10}-Moden-Hybridpunkt zurückgeführt wird, kann sowohl bei der Silizium-Dicke, H_{Si} = 180 und 220 nm vermieden werden, indem der obere Koppler-Arm eine konstante Taper-Breite von 800 nm über die gesamte Taper-Länge gehalten wird, siehe Abbildung 7.3(a).

Des weiteren wird über der unteren Koppler-Arm mit einer Anfangsbreite von 200 nm und eine Endbreite von 400 nm dimensioniert. Innerhalb einer Taper-Breite von 200-400 nm ist der effektive Brechungsindex der TM_{00}-Mode vergleichsweise gering, auch bei Herstellungstoleranzen von ± 20 nm bezüglich W_8 bzw. W_9. Deswegen können die Überkopplung von möglichen nicht konvertierten TM_{00}-Mode im unteren Koppler-Arm gering gehalten, siehe Abbildung 7.3(b).

Ein weiterer Vorteil dieser Dimensionierung liegt daran, dass die effektive Brechungsindexdifferenz zwischen dem oberen und unteren Koppler-Arm entlang der gesamten Koppler-Länge so groß ist, dass die gemessene Welligkeit im ursprünglichen Design vermieden werden kann. Da die Welligkeit entsteht, wenn der oberen und unteren Koppler-Arm den gleichen Brechungsindex haben. Dies führt zum direktionalen Koppler-Verhalten, siehe Abbildung 5.13.

Abbildung 7.3(c) zeigt die ersten fünf Eingenmoden des gesamten Koppler-Entwurfes mit dem oberen und unteren Koppler-Arm. Bei einer gesamt Koppler-Längen von L_{ac} = 77 μm einen TE_{10}-TE_{00}-Moden-Hybridpunkt erzeugt, in dem der obere Koppler-Arm mit der kon-

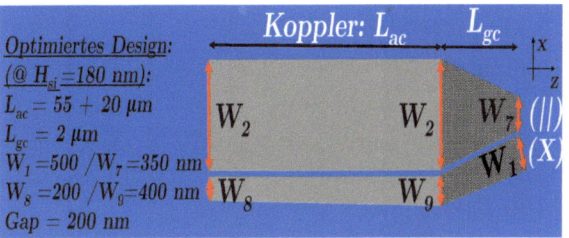

(a) das optimierte Koppler-Design

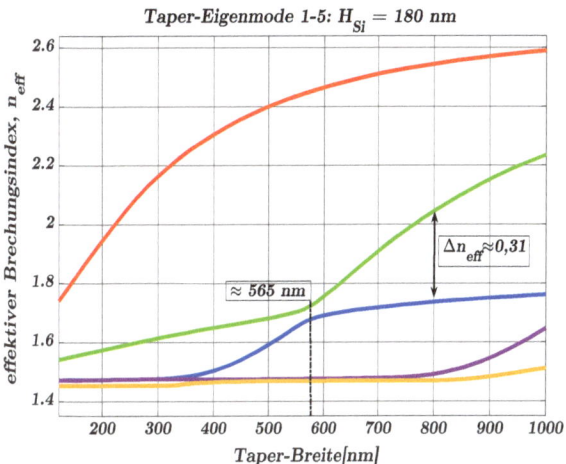

(b) Taper-Eigenmode 1-5 bei H_{Si} = 180 nm

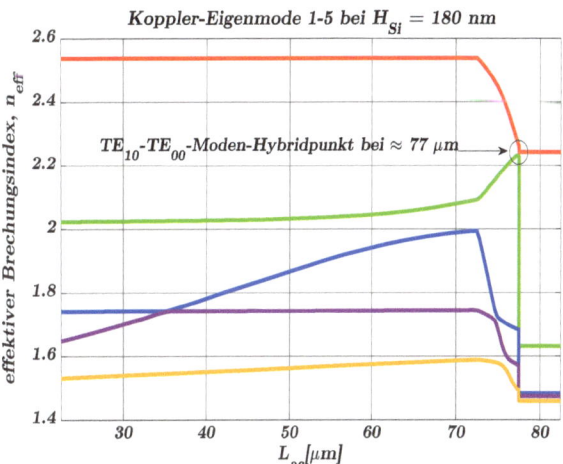

(c) Koppler-Eigenmode 1-5 bei H_{Si} = 180 nm

Abbildung 7.3: optimiertes Koppler-Design

stanten Breite von 800 nm einen Taper mit der Endbreite von W_7 = 350 nm und einer gesamten Längen von L_{gc} = 2 μm (in Abbildung 7.3(a) dunkel markiert). Die Auswahl der Endbreite W_7 ist damit zu begründen, dass bei einer Silizium-Dicke von H_{Si} = 180 die angeregten TM_{00}-Moden, auch bei einer Herstellungsabweichung von W_7± 20 nm, sehr gering sind da der effektive Brechungsindex dieser Moden bei dieser Breite ebenfalls vergleichsweise gering ist. Somit kann eine Endbreite von W_7 = 350 nm am oberen Koppler-Arm nicht im

Moden-Konverter vollständig konvertieren TM_{00}-Moden unterdrücken und nur TE_{00}-Moden durchlassen. Hierbei muss die die Gitterkoppler-Taper-Endbreite ebenfalls auf $W_7 = 350\ nm$ angepasst werden.

Der untere Koppler-Arm wird ebenfalls mit einem Taper mit der gleichen Längen von $L_{gc} = 2\ \mu m$ und mit der Endbreite von $W_1 = 500\ nm$. Diese Taper-Breite entspricht die Gitterkoppler-Taper-Endbreite.

Abbildung 7.4 zeigt den Intensität-Plot im ursprünglichen mit der Silizium-Dicke, $H_{Si} = 220\ nm$ und optimierten Design mit der Silizium-Dicke, $H_{Si} = 180\ nm$ und bei angeregten TM_{00}-Moden mit der Wellenlänge, $\lambda = 1585\ nm$. Die gemessenen Welligkeit am oberen und unteren Koppler-Arm (siehe Beispielsweise Abbildung 5.13) sind in Abbildung 7.4(a) zu erkennen. Abbildung 7.4(b) zeigt, dass die Koppler-Design-Ziele erreicht sind. Somit wird die Welligkeit am oberen und unteren Koppler-Arm beseitigt. Die Überkopplung von E_{10}- in TE_{00}-Moden findet am Ende des unteren Koppler-Arm statt und dadurch wird eine Wechselwirkung zwischen dem Oberen und unteren Koppler-Arm entlang der gesamten Koppler-Länge vermieden.

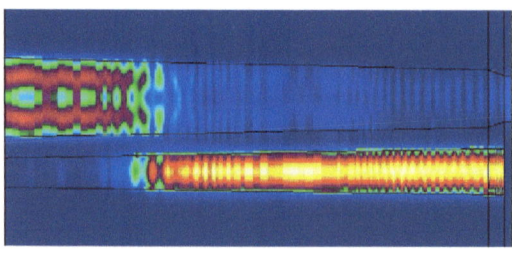

(a) das ursprüngliches Koppler-Design

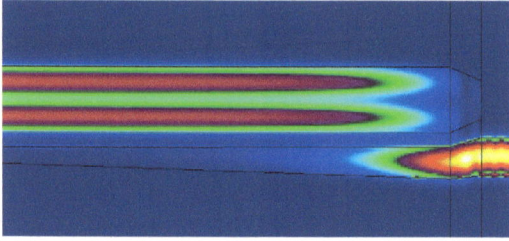

(b) das optimierte Koppler-Design

Abbildung 7.4: Der Intensität-Plot

8 Polarisationsteiler: Die Performanz des optimierten Designs

Abbildung 8.1 zeigt die Performanz des optimierten Polarisationsteiler-Designs sowohl bei der Silizium-Dicke $H_{Si} = 180\ nm$ (der obere Plot) als auch bei $H_{Si} = 220\ nm$ (der untere Plot). Der optimierte Polarisationsteiler-Design beinhaltet einen optimierten (Wire-Taper-Moden-Konverter), der nach den Entwurfsbedingungen siehe Seite 65, mit der Länge $L_{mc} = 485\ \mu m$ entworfen ist. Und einen Koppler, der mit den aufgelisteten Parameter in Abbildung 7.3(a) optimiert ist. Die Simulation ist mit den vier EPIC-Schichten-Parameter L_3-L_6 durchgeführt, die in Tabelle 3.1 aufgelistet sind.

Die Performanz des optimierten Polarisationsteiler-Designs zeigt sowohl bei der Silizium-Dicke $H_{Si} = 180\ nm$ als auch bei $H_{Si} = 220\ nm$:

- Keine Welligkeit, vergleiche Beispielsweise mit Abbildung 5.13.

- Die TM_{00}-Moden am oberen Polarisationsteiler-Arm sind bei der Silizium-Dicke $H_{Si} = 180\ nm$ auf bis ca. -40 dB und bei der Silizium-Dicke $H_{Si} = 220\ nm$ auf bis ca. -20 dB untergedrückt.

- Die TE_{00}-Moden am unteren Polarisationsteiler-Arm werden bei der Silizium-Dicke $H_{Si} = 180\ nm$ mit ca. 0 dB nahezu verlustfrei durchgelassen. bei der Silizium-Dicke $H_{Si} = 220\ nm$ verschlechtert sich die TE_{00}-Moden-Performanz am unteren Polarisationsteiler-Arm um ca. -2 dB.

Wichtig hierbei zu erwähnen ist, dass die Simulation ohne die Gitterfunktion durchgeführt ist. Das bedeutet bei einer realen Messung werden sowohl bei der TM_{00}- als auch bei der TE_{00}-Moden die Einflüssen der Gitterfunktion von ca. -10 dB dazu kommen.

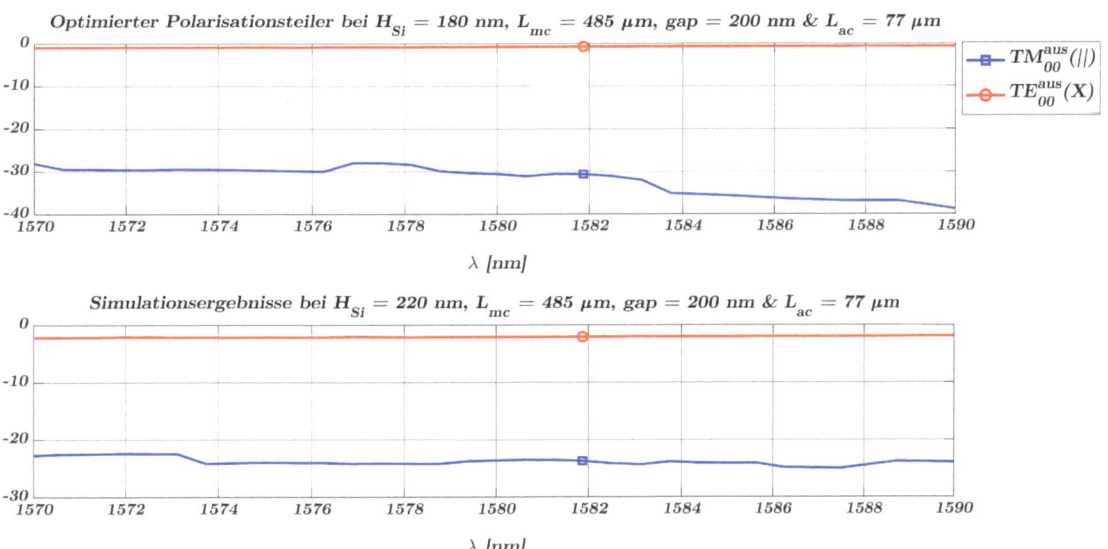

Abbildung 8.1: Die Performanz des optimierten Polarisationsteiler-Designs bei der Silizium-Dicke: $H_{Si} = 180\ nm$ (der obere Plot) und $H_{Si} = 220\ nm$ (der untere Plot)

Der Grund fürs Steigen der TM_{00}-Mode-Werte am oberen optimierten Polarisationsteiler-Arm von -40 dB bei der Silizium-Dicke $H_{Si} = 180\ nm$ auf ca. -20 dB bei der Silizium-Dicke $H_{Si} = 220\ nm$ liegt daran, dass bei der Tapber-Breite W_7 von ca. 350 nm mit der Silizium-Dicke $H_{Si} = 220\ nm$ der effektive Brechungsindex deutlich höher ist verglichen bei der gleichen Taper-Breite W_7 mit der Silizium-Dicke $H_{Si} = 180\ nm$, vergleiche Abbildung 7.3(b) mit Abbildung

7.2(b). Das führt dazu, dass vor der Überkopplung von der TE_{10}-Mode am oberen in TE_{00}-Mode am unteren Polarisationsteiler-Arm, die TM_{00}-Mode am oberen Polarisationsteiler-Arm angeregt wird. Dies erklärt ebenfalls die sinkende Werte um -2 dB der TE_{00}-Mode am unteren Polarisationsteiler-Arm.

9 Zusammenfassung

Die vorliegende Masterarbeit beschäftigt sich mit der Designoptimierung eines Polarisationsteilers in photonischer BiCMOS Technologie.

Die Arbeit untersucht zunächst ein vorhandenes Polarisationsteiler-Layout anhand von Messergebnisse, um die Schwerpunkte der Designoptimierung aufzudecken. Es zeigt sich, dass das vorhandene Layout eine noch unzureichende Performance bei der Polarisationswandlung hat, was numerische Berechnungen einzelner Sektionen des Polarisationsteilers unumgänglich macht. Als problematisch stellt sich besonders die Willigkeit der Polarisationswandlung heraus.

Die numerischen Tätigkeiten werden in der Arbeit nach der Erarbeitung theoretischer Grundlagen zur Moden-Konversion und Kopplungsmechanismen zwischen Wellenleitern beschrieben. Als wichtige Erkenntnis hat sich bei den Berechnungen herausgestellt, dass die anfangs mittels eines linearen Tapers stattfindende TM_{00}^{ein}-TE_{10}^{aus}-Moden Konversion, den entscheidenden Einfluss auf die Gesamtperformance ausübt und die anfangs aufgenommenen Messdaten erklären kann.

Die Masterarbeit arbeitet numerisch die Parameter zur Beeinflussung der TM_{00}^{ein}-TE_{10}^{aus}-Moden Konversion heraus. Dabei werden auch Technologieschwankungen von Silizium-Dicke, $H_{Si} \pm 20\ nm$, Taper-Breiten, W_1 bzw. $W_2 \pm 20\ nm$, Taper-Länge, L_{mc} bzw. $L_{rc} \pm 20\ \mu m$ und von EPIC-Schichten ± 2 bzw. $\pm 20\ nm$ berücksichtigt.

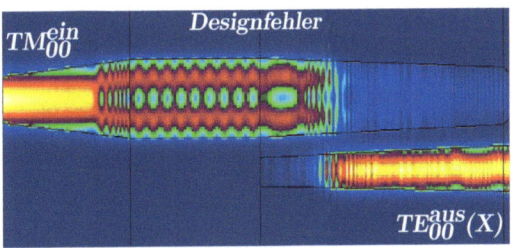
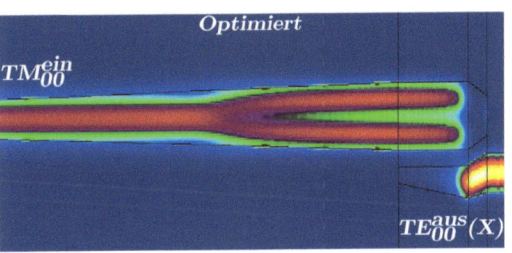

Abbildung 9.1: Der obere Intensität-Plot zeigt die Performanz vom Polarisationsteiler 4. Der untere Intensität-Plot zeigt die Performanz der im Rahmen dieser Arbeit optimierten Polarisationsteiler

Die TM_{00}^{ein}-TE_{10}^{aus}-Moden Konversion wird dabei konkret an zwei verschiedenen Strukturen untersucht. Dabei handelt sich dabei um einen adiabatischen Taper, der Wire-Taper-Moden-Konverter (WTMK) und um einen Taper mit flachgeätzten Anteilen, der Rippen-Taper-Moden-Konverter (RTMK). Die erzielten Ergebnisse werden tabellarisch gesammelt. Den größten Einfluss auf die Performance haben Dickeschwankungen-Kombinationen der Silizium-Schichte H_{Si}, die Taper-Breiten, W_1 bzw. W_2 und die Dickeschwankungen von Technologielayern oberhalb des Wellenleiters.

Für Koppler-Design, der der Modenkonversion folgt, wird eine Designveränderung vorgeschlagen, um die Überkopplung von Moden auf die angestrebte Auskopplung von TE_{10}^{aus} zu $TE_{00}^{aus}(X)$ am unter Arm des adiabatischen Kopplers zu konzentrieren. Die Änderung beinhaltet, dass lediglich ein Arm des adiabatischen Kopplers einen adiabatischen Verlauf aufweist (im ursprünglichen Layout haben beide Kopplerarme einen adiabatischen Verlauf). Dies führt zur einer vorzeitige Rückkonversion der mit dem zuvor Taper erzeugten TE_{10}^{aus} Mode hin zu TM_{00}^{aus} im oberen Kopplerarm.

Die Untersuchungen zeigen im Ergebnis, dass eine Verbesserung der Polarisationsteiler-Performanz unter Berücksichtigung von Technologieschwankungen erreicht werden kann.[8]

Diese Masterarbeit hat eine Polarisationsteiler-Performanz-Verbesserung gezeigt, die Technologieschwankungen von Silizium-Dicke, $H_{Si} \pm 20\ nm$, Taper-Breiten, W_1 bzw. $W_2 \pm 20\ nm$, Taper-Länge, L_{mc} bzw. $L_{rc} \pm 20\ \mu m$ und von EPIC-Schichten ± 2 bzw. $\pm 20\ nm$ bei einer gesamten Polarisationsteiler-Länge von ca. 570 μm kompensiert. Dadurch wird das am Anfang dieser Masterarbeit gesetzte Ziel, eine robuste Polarisationsteiler-Performanz in einer kompakten gesamten Polarisationsteiler-Länge von unter $600\mu m$ ebenfalls erfüllt.

Quellen und Hilfsmittel

[1] TU-Berlin Fakultät III. Eidesstattliche Erklärung.
https://www.ensys.tu-berlin.de/fileadmin/fg8/Downloads/Sonstiges/eidesstattliche_erklaerung.doc Zugriff am: 23.07.2018.

[2] Software: Photon Design. Fimmwave 64-bit, Version 6.5.2 FIMMPROP 64-bit, Version 6.5. In AT115HFT-Rechner (TU-Berlin, Institut für Hochfrequenztechnik).

[3] MathWorks. Software: Matlab, Version: R2015. In Rechner-Lizenzen der TU-Berlin.
https://de.mathworks.com/matlabcentral/?s_tid=gn_mlc
Zugriff am: 23.08.2018-20.09.2018.

[4] Christian Schenk. Software: MiKTeX, Version: 6776. In freie Lizenz: TeX-Distribution.
https://miktex.org/download Zugriff am: 23.07.2018
https://golatex.de/portal.php Zugriff am: 27.07.2018-20.10.2018
https://tex.stackexchange.com/ Zugriff am: 27.07.2018-20.10.2018
https://texwelt.de/wissen/fragen Zugriff am: 08.11.2018.

[5] Joël Amblard Pascal Brachet. Software: Texmaker, Version: 5.0.2. In Texmaker ist ein plattformübergreifender Unicode-Texteditor zur Erstellung von LaTeX-Dokumenten.
http://www.xm1math.net/texmaker/ Zugriff am: 23.07.2018.

[6] jabref.org. Software: JabRef, version: 4.3.1 . In Lizenz: GPL.
https://www.fosshub.com/JabRef.html Zugriff am: 23.07.2018.

[7] Inkscape. Software: Inkscape, Version: 0.92. In Freie und quelloffene Software zur Bearbeitung von Vektorgrafiken., 23.07.2018.
https://inkscape.org/de/ Zugriff am: 23.07.2018.

[8] Die hierbei referenzierten Texte sind durch die Rücksprache mit dem Betreuer, Herr Dr.-Ing. Karsten Voigt zusammengefasst. Die referenzierten Intensität-Plots sind von ihm durgeführten Simulationen entstanden.

[9] Yunfei Fu, Tong Ye, Weijie Tang, and Tao Chu. Efficient adiabatic silicon-on-insulator waveguide taper. Photonics Research, 2(3):A41, may 2014.

[10] Prof. Dr.-Ing. Dr. h. c. Klaus Petermann. Masterarbeit Design und Charakterisierung eines Polarisationsteilers in Photonischer BiCMOS Technologie. Die Aufgabenstellung zu dieser Masterabeit.

[11] Stephan Hinz. Optisches Polarisationsmultiplex und Kompensation von Polarisationsmoden-dispersion bei 40 Gbit/s. Cuvillier Verlag, 2004.

[12] BiCMOS: ST Microelectronics.
https://www.st.com/content/st_com/en/about/innovation---technology/BiCMOS.html Zugriff am: 08.11.2018.

[13] David J. Lockwood and Lorenzo Pavesi, editors. Silicon Photonics II. Springer Berlin Heidelberg, 2011.

[14] R. Mongeon. Laser vibration probes. IEEE Journal of Quantum Electronics, 13(9):828–828, sep 1977.

[15] Dirk Taillaert, Frederik Van Laere, Melanie Ayre, Wim Bogaerts, Dries Van Thourhout, Peter Bienstman, and Roel Baets. Grating Couplers for Coupling between Optical Fibers and Nanophotonic Waveguides. Japanese Journal of Applied Physics, 45(8A):6071–6077, aug 2006.

[16] Dätwyler Cables GmbH. Singlemode-Faser, E9/125/250, G.657.A2. 05.12.2018. https://www.cabling.datwyler.com/de/produkte/rechenzentren/datentechnik-glasfaser-lwl/glasfasern-lichtwellenleiter/product/singlemode-faser-e9125250-g657a2.html Zugriff am: 05.12.2018.

[17] Keith A. Bates, Lifeng Li, Ronald L. Roncone, and James J. Burke. Gaussian beams from variable groove depth grating couplers in planar waveguides. Applied Optics, 32(12):2112, apr 1993.

[18] Stijn Scheerlinck, Jonathan Schrauwen, Frederik Van Laere, Dirk Taillaert, Dries Van Thourhout, and Roel Baets. Efficient, broadband and compact metal grating couplers for silicon-on-insulator waveguides. Optics Express, 15(15):9625, 2007.

[19] Wesley D. Sacher, Tymon Barwicz, Benjamin J. F. Taylor, and Joyce K. S. Poon. Polarization rotator-splitters in standard active silicon photonics platforms. Optics Express, 22(4):3777, feb 2014.

[20] Daoxin Dai, Yongbo Tang, and John E. Bowers. Mode conversion in tapered submicron silicon ridge optical waveguides. Optics Express, 20(12):13425, may 2012.

[21] Xiankai Sun, Hsi-Chun Liu, and Amnon Yariv. Adiabaticity criterion and the shortest adiabatic mode transformer in a coupled-waveguide system. Optics Letters, 34(3):280, jan 2009.

[22] Rong Sun, Mark Beals, Andrew Pomerene, Jing Cheng, Ching yin Hong, Lionel Kimerling, and Jurgen Michel. Impedance matching vertical optical waveguide couplers for dense high index contrast circuits. Optics Express, 16(16):11682, jul 2008.

[23] Shih-Jung Chang and Kuo-Wei Liu. Design and analysis of optical coupler with a stable splitting ratio based on cascaded multistage directional couplers. Optical Engineering, 51(9):094603-1, sep 2012.

[24] Manual: FIMMWAVE, Version 6.5.2   1997-2017 Copyright Photon Design Photon Design 34 Leopold St Oxford, OX4 1TW United Kingdom.

www.ingramcontent.com/pod-product-compliance
Lightning Source LLC
Chambersburg PA
CBHW041313180526
45172CB00004B/1084